研究生教育"十二五"规划教材

夹杂物干涉机制及其对材料细观损伤的影响机理

郭荣鑫　夏海廷　颜　峰　著

科学出版社

北　京

内 容 简 介

本书基于 Eshelby 等效夹杂物方法，以多夹杂物间的干涉机制及其对材料细观损伤的衍生和演化的影响为研究对象，通过数值计算、数字全息干涉实验和有限元分析技术，对复合材料的损伤演化问题进行详细阐述。

全书由 6 章构成。第 1 章对夹杂物领域的研究现状进行综述；第 2 章基于 Eshelby 等效夹杂物方法，参考 Moschovidis 方法，编写能用于计算不同类型多夹杂物应力应变场的数值计算程序；第 3 章通过与文献中的计算结果比较，验证本书编写的多夹杂物数值计算程序的合理性和可靠性；第 4 章在不同疲劳应力水平下，对颗粒增强铝基复合材料细观损伤的衍生和演化情况进行细观观测；第 5 章开发数字实时全息测量系统，研究典型构型空洞和裂纹的干涉应变场，与本书的计算结果进行对比分析；第 6 章改进多颗粒随机分布有限元模型，分析颗粒增强复合材料中颗粒的开裂、脱粘、微裂纹萌生演化等细观损伤的衍生和演化机理。

本书可作为材料科学与工程、工程力学等专业的研究生教材，也可供相关专业的科研人员参考。

图书在版编目(CIP)数据

夹杂物干涉机制及其对材料细观损伤的影响机理 / 郭荣鑫，夏海廷，颜峰著. — 北京：科学出版社，2019.4

研究生教育"十二五"规划教材

ISBN 978-7-03-060773-7

Ⅰ. ①夹… Ⅱ. ①郭… ②夏… ③颜… Ⅲ. ①夹杂(金属缺陷)-研究生-教材 ②复合材料-损伤(力学)-研究生-教材 Ⅳ. ①TG111.2 ②TB33

中国版本图书馆 CIP 数据核字(2019)第 043355 号

责任编辑：朱晓颖 陈 琼 / 责任校对：郭瑞芝

责任印制：张 伟 / 封面设计：迷底书装

科 学 出 版 社 出版

北京东黄城根北街 16 号

邮政编码：100717

http://www.sciencep.com

北京建宏印刷有限公司 印刷

科学出版社发行 各地新华书店经销

*

2019 年 4 月第 一 版 开本：787×1092 1/16

2019 年 4 月第一次印刷 印张：8 3/4

字数：224 000

定价：80.00 元

(如有印装质量问题，我社负责调换)

前　言

　　材料的细观损伤影响着材料的局部性能，同时对材料的宏观有效性能有着直接影响。细观损伤的衍生机理、演化规律及它们对材料性能的影响是材料细观损伤的研究主题和材料细观模型必须反映的物理内涵。工程实践及科学研究表明，材料的损伤和失效与夹杂物的存在密切相关。夹杂物引起的非均匀性往往使得材料的局部损伤演化更加复杂。其中，材料各类微结构(包括空洞、微裂纹、夹杂、界面失效等)间以及微结构和宏观缺陷之间存在的相互干涉机制，是研究材料的细观损伤及其演化规律、确定材料局部性能时必须要考虑的重要方面，也是当前材料学和力学等领域的前沿课题。

　　目前，关于夹杂物的理论研究已有许多优秀的论著，但针对多夹杂物应力应变场的实验研究则很有限。与此同时，实验研究的不足也使我们对理论及数值计算分析结果的认识产生了诸多的局限性和不确定性，从而影响理论的创新和数值计算的发展。为此，作者近年来基于等效夹杂物方法，采用数值计算、数字全息干涉实验和有限元分析技术等手段开展研究工作，对多夹杂物间的干涉机制及其对材料细观损伤的衍生和演化的影响进行研究，本书是作者多年来研究成果的系统总结。

　　全书共分6章，第1、6章由颜峰执笔，第2、3章由郭荣鑫执笔，第4、5章由夏海廷执笔，博士研究生索玉霞、付朝书、刘兴姚协助完成了全书的统稿工作。第1章对夹杂物领域的研究现状进行综述；第2章基于Eshelby等效夹杂物方法，参考Moschovidis方法，编写能用于计算不同类型多夹杂物应力应变场的数值计算程序；第3章通过与文献中的计算结果比较，验证本书编写的多夹杂物数值计算程序的合理性和可靠性；第4章在不同疲劳应力水平下，对颗粒增强铝基复合材料细观损伤的衍生和演化情况进行细观观测；第5章开发数字实时全息测量系统，研究典型构型空洞和裂纹的干涉应变场与本书的计算结果进行对比分析；第6章改进多颗粒随机分布有限元模型，分析颗粒增强复合材料中颗粒的开裂、脱粘、微裂纹萌生演化等细观损伤的衍生和演化机理。

　　本书得到了国家自然科学基金和云南省应用基础研究计划重点项目的支持，在此衷心感谢国家自然科学基金委员会和云南省科学技术厅对作者研究工作的长期支持。同时还要感谢在书中被引用的论著的作者，感谢昆明理工大学对本书的支持，感谢作者的研究生在本书编写过程中所给予的帮助。

　　由于作者水平有限，书中难免存在不足之处，恳请同行和读者批评指正。

作　者

2018年10月

目　　录

第1章 绪 论

1.1 概 述

夹杂物广泛存在于各类材料中，它们或是材料在制造、加工过程中产生的缺陷，或者是为改善材料性能而加入或加工产生的其他相，如钢材和粉末高温合金中普遍存在的各类氧化物、复合材料中的增强相、双相钢中的马氏体相等。夹杂物对材料的力学性能、电学性能、热物理性能等都有着重要的影响。复合材料中增强相(颗粒、纤维等)的性能、数量、尺寸、形状和分布就与复合材料的宏观性能密切相关。对材料进行复合的根本目的是要把不同材料的优点有机地结合起来，制备出满足工程需要的新型材料。复合材料也因此成为具备很强可设计性的材料，并不断朝着结构与功能一体化的方向发展，以更好地满足不同工业领域的特殊需要。目前，复合材料在一些重要的工业领域，如航空航天、汽车、船舶、化工、军事、核能和电子等，得到了越来越广泛的应用。复合材料已经成为影响这些领域发展水平和发展速度的重要因素。

工程实践及科学研究表明，材料的细观损伤和失效与夹杂物的存在密切相关，而且夹杂物引起的非均匀性往往会在复杂的静动态载荷下引起材料局部损伤演化，其静动态损伤、断裂问题比均匀材料要复杂得多，这主要表现在这种材料的静动态断裂特性与夹杂物及它们间的相互影响密切相关并随空间位置而改变。对复合材料而言，要理解不同组分的复合使材料性能得到改善的原因，就必须研究复合材料组分间的相互作用和载荷传递机理。因此，对复合材料性能的研究包括局部性能和宏观有效性能两个方面。前者的关键是求取复合材料内部的弹性场，而后者则包括对复合材料宏观刚度预报和宏观强度预报两个问题。由此可见，对复合材料性能的研究是一个跨越宏、细、微三个空间尺度的新领域。相比较而言，对复合材料局部性能的研究是一个更为困难、更加深入、更有意义的问题。可见，分析夹杂物的影响机制，研究材料在细观尺度下的微结构损伤演化规律，包括微空洞的形核、长大，以及微裂纹的生成、扩展和汇合，建立材料细观结构与材料变形、损伤及失效间的关联机制，确定细观层次上的材料破坏控制参量，最终建立细观结构、内部缺陷与宏观力学性能之间的定量关系。从科学意义上看，这是为了在更深的层次上研究材料的性能，更好地解决材料的失效问题，实现研究方法由宏观向微观的过渡；从技术上看，这是由于计算机技术、图像处理技术、实验测试分析技术的发展为细观损伤的数值计算和实验分析提供了更多可行的手段；从工程上看，这对于材料的设计和制造工艺的改进，以及材料综合性能的提高，同样具有重要的意义。

1.2 夹杂物研究进展

1.2.1 夹杂物对基体力学性能的影响

夹杂物这一称谓由来已久，一般泛指材料(基体)中存在着的第二相，而且这些第二相大都以颗粒状存在，典型的夹杂物颗粒尺寸为 1μm 至数百微米。由于夹杂物的物理性能、力学性能、化学成分等(如强度、硬度、弹性模量、泊松比、热膨胀系数等)与基体材料不同，夹杂物对材料性能有着显著的影响。

钢中的夹杂物是最早受到关注，同时也是研究较多的夹杂物。50 多年前，人们第一次认识到以氧化物为主的非金属夹杂物是高强钢疲劳裂纹的重要起源。这些非金属夹杂物还会在钢材成形时产生裂纹，从而导致成形性和疲劳寿命恶化，或者成为钢材轧制时线状缺陷产生的诱因，极大地影响产品的质量。50 多年来针对钢材中非金属夹杂物的研究工作主要集中在以下方面：①夹杂物的化学组成、形态与分类；②夹杂物的尺寸；③夹杂物的来源；④夹杂物存在的位置；⑤夹杂物的形状。这些研究成果对钢材冶炼起了重要的指导作用。例如，Murakami 等在非金属夹杂物对钢的疲劳性能的影响方面做了大量的工作，提出了夹杂物等效投影面积模型，利用夹杂物参数 $\sqrt{S}$(S 为夹杂物在垂直于应力轴平面的投影面积)成功地解释了高强钢中非金属夹杂物的一系列疲劳行为。大量的科学研究和工程实践均证明，对具体构件，夹杂物尺寸存在一个临界尺寸，小于该尺寸时，疲劳裂纹将不再从夹杂物处萌生，这个尺寸称为临界夹杂物尺寸。因此不必过分追求夹杂物尺寸的最小化。这为节约生产成本提供了一种途径。在细观研究方面，王习术等就夹杂物的形状和尺寸对疲劳裂纹萌生及扩展影响的原位实验观测表明：超高强度钢中夹杂物几何长轴与外力方向间的夹角决定了裂纹萌生的位置；在界面裂纹向基体扩展的过程中，夹杂物的几何尺寸对裂纹扩展的贡献限定在基体裂纹长度小于夹杂物长轴尺寸。通常认为钢中非金属夹杂物的存在是有害的，主要表现在对钢的强度、延性、韧性、疲劳性能等方面的影响。然而，少数夹杂在一定条件下会改善材料的性能，例如，某些氧化物夹杂(如钛等金属氧化物)对热影响区(heat affected zone，HAZ)晶粒长大有抑制作用，可以简化热处理过程、节省合金元素，有效提高钢铁材料的性能，属于有益夹杂物。谢锡善等采用扫描电镜原位拉伸和原位疲劳直接跟踪观察人工植入夹杂物(Al$_2$O$_3$)的粉末高温合金中夹杂物的微观力学行为(特别是裂纹的萌生、扩展以致断裂的过程)，同时采用 ANSYS 有限元软件，计算在受力状态下夹杂物及其周围基体的应力应变场分布，进而从宏观力学角度分析有夹杂物时材料的微观力学行为。

合金材料尤其是粉末高温合金材料中的非金属夹杂物问题，也是 20 多年来材料学和冶金学普遍关注的问题。高温合金材料是航空、航天、能源和化工等工业在高温、复杂载荷与环境下应用的关键材料。在原始粉末颗粒边界(prior particle boundary，PPB)问题基本解决后，粉末高温合金发展所遇到的最大障碍是非金属夹杂物的存在。这也是我国粉末高温合金研制所遇到的最困难问题。20 多年来，对夹杂物所进行的研究工作包括夹杂物的鉴别、评价，夹杂物对粉末高温合金宏、微观性能的影响，特别是对低周疲劳性能的影响，减少夹杂物数量、减小夹杂物尺寸的措施以及考虑夹杂物因素的粉末高温合金寿命预测方法等。

1.2.2　夹杂物理论的发展与应用

对夹杂物的开拓性工作是由 Eshelby 完成的，他建立的等效夹杂物方法奠定了细观力学(介观力学)的基础。Eshelby 针对无限大弹性体中本征应变的椭球颗粒给出了椭球内外弹性场的一般解，并利用应力等效的方法(后来发展成为等效夹杂物理论)得到了非均匀椭球夹杂物的内外弹性场。Hershey 和 Kröner 先后提出自洽方法来研究多晶体材料的弹性能。自洽方法以 Eshelby 的关于无限大弹性体中夹杂物问题的解为基础，原则上适用于无限大的多晶体。他们把单晶颗粒看作嵌入具有多晶体宏观力学性能的无限大均匀介质中的一个夹杂物，然后利用 Eshelby 等效夹杂物方法建立了单晶力学性能与多晶体宏观力学性能间的隐性关系。Hill 利用自洽方法证明了含球形夹杂物复合材料的有效体积模量和剪切模量在 Hashin 和 Shtrikman 基于变分原理推导的任意形状晶体的弹性模量的上下限之间。Budiansky 根据 Eshelby 等效夹杂物方法导出了含球形夹杂物多相复合材料的有效体积模量、剪切模量和泊松比之间的三个耦合方程，并成功预测了多相复合材料的等效弹性模量。Eshelby 等效夹杂物方法在夹杂物含量较高时误差偏大，而自洽方法在夹杂物弹性常数与基体弹性常数相差较大及夹杂物含量较高时，对复合材料有效弹性常数的预测结果会背离基本常识，因此 Kerner 在 Eshelby 等效夹杂物方法和自洽方法的基础上提出了广义自洽模型。该模型由夹杂物、基体壳和有效介质构成。其中，夹杂物的体积与基体壳边界所围成的体积之比等于复合材料中夹杂物的体积分数。与自洽模型相比，就颗粒增强复合材料而言，广义自洽模型更为合理。Mori 和 Tanaka。利用体积积分对内应力进行宏观平均，提出了著名的 Tanaka-Mori 定理(也称 Tanaka-Mori 方法)，这是计算微裂纹体有效性质的两种方法之一。它假设每一个微裂纹位于无损基体中，微裂纹的相互作用效应则通过对远场应力的修正反映出来，因此，这种方法也称为有效场法。另一种计算微裂纹体有效性质的方法是以自洽方法为代表的有效介质法，它假设每一个微裂纹位于一个区别于无损基体的有效介质中，而远场所施加的是实际应力。杨卫则将等效夹杂物方法推广到任意夹杂形状的多晶体滑错体，提出了均值自洽理论，通过网栅试件显微实时加载，定量观测了多晶滑错体大变形下晶界的面内和离面滑错特征，构筑了自洽有限元。Zheng 等人提出了一种考虑复合材料中夹杂相互作用的新方法——相互作用直推(the interaction direct derivation method，IDD)法。该方法与 Tanaka-Mori 方法一样简便，但精度更高。

综上所述，材料微结构(空洞、微裂纹、夹杂、局部化带、界面、位错)的形核机理和演化规律决定着材料的局部性能，同时对材料的宏观有效性能也有着直接的影响。因此，各类微结构间的相互影响机制以及它们和宏观缺陷之间都存在着的相互作用，是研究材料的细观损伤及其演化规律、确定材料局部性能时必须要考虑的重要方面。Sternberg 和 Sadowsky 曾就无限大体中两个球形空洞的情形给出了精确解。对于其他的夹杂物问题则目前还没有精确解。1975 年，Moschovidis 将等效夹杂物方法用于单个或两个夹杂物(球体或椭球体)的数值计算。Moschovidis 主要计算了在均匀外载荷作用下无限大各向同性体中的单个或两个球体和椭球体夹杂物内外部的应力应变场。另外，上述各种方法给出的都是近似解，而且必须利用数值方法通过计算机才能求出。1981 年，张宏图和折晓黎利用夹杂理论导出了一般形状的单个夹杂所产生的拘束应力场(本征应力场)，并计算了在单向载荷作用下椭圆形夹杂的端部应力场，将夹杂理论应用于宏观断裂研究中，也讨论了马氏体相变和形变孪晶所伴随形成的微观裂纹的情形。这是国内研究夹杂物方法较早的理论成果。王锐在 1990 年求解了一个圆形夹杂对裂纹尖端应力场的影响，并以此计算了夹杂物对裂纹应力强度因子的影响，讨论了裂纹尖端微米量级的夹杂物因应力场诱发的相变而对陶瓷产生的相变增韧。其研究成果对于研究材料的细观损伤是有一定实际意义的，细观观测发现裂纹的扩展与其前方相邻的损伤带有强烈的相互作用。因此，夹杂物之间的相互作用也就逐渐受到人们的重视，成为研究的热点之一。著名学者 Chudnovsky、Kachanov、Horii 等研究了一个主裂纹和若干微裂纹之间的相互作用以及异性夹杂物之间的相互作用。结果显示，位于裂尖过程带中的微裂纹群在一定条件下（微裂纹与主裂纹的相对位置以及外载荷的方向）会对主裂纹的应力场产生重要的影响：屏蔽效应（shielding effect）或增强效应（amplification effect）。这种屏蔽效应或增强效应就是微裂纹对材料的增韧或劣化。因此，裂纹的存在并不总是引起材料的损伤。李佳音研究了大量微裂纹的相互作用，针对微裂纹群提出了一种近似计算微裂纹相互作用的方法，并将其应用于拉伸和压缩情况下微裂纹体的尺寸效应分析以及有效弹性模量的计算。这种方法也是基于 Eshelby 等效夹杂物概念提出的，并利用细观力学中有效介质的概念考虑了有限尺寸区域外的大量微裂纹对待求的有限尺寸区域内微裂纹的影响。但该方法主要针对的是平面情况下的裂纹构型和裂纹密度。1989 年，Gong 和 Horii 基于 Horii 的虚拟力法，利用复变函数推导出了主裂纹及其前端若干微裂纹的应力强度因子近似表达式。赵爱红和虞吉林应用 Eshelby-Tanaka-Mori 方法对含三相正交夹杂的正交异性复合材料建立了等效弹性模量与夹杂体积分数、方位和形状的解析显式。Tszeng 提出了一种无量纲夹杂物方法，该方法的本构关系和对应变的分类与Eshelby 等效夹杂物方法类似，但在增强相应力方程计算式中引入了增强相体积分数，对于增强相外部各点的应力仍采用 Eshelby 等效夹杂物方法进行计算。2000 年，Tszeng 运用这种无量纲夹杂物方法计算了弹性模量大于基体材料的单个增强相（硬质夹杂物）的界面应力，发现即使在基体材料发生弹塑性变形的情况下，在增强相两极和赤道界面区域的材料也处于弹性变形状态。当然随着基体变形的增加，处于弹性变形界面区域的尺寸也会逐渐减小。另外，无论基体的变形情况如何，最大的界面法向应力都与 von Mises 等效应力近似呈线性关系。Tszeng 针对不同体积分数的碳化硅（SiC）颗粒增强 2124 铝基复合材料进行了计算分析，其计算结果显示最大的 von Mises 等效应力出现在增强相两极与赤道之间，具体位置则与增强相几何尺寸有关。Li 等研究了材料的形态特征和基体材料特性对断裂与界面脱粘的影响，发现一些材料的损伤主要以颗粒脱粘进一步断裂的形式产生，局部损伤大幅减少了材料的延展性，缩短了其疲劳寿命。上述研究的模拟结果表明，增强颗粒与基体的界面不仅是主要的细观损伤源，而且界面结合情况对复合材料的宏观性能有很大影响。1997 年，Roatta 和 Bolmaro 假设材料符合 Prandlt-Reuss 塑性应变律，参考 Eshelby 等效夹杂物方法，建立了用于分析椭球增强颗粒在塑性应变初期的弹塑性应变场，以 SiC 颗粒增强 2124 铝基复合材料作为高弹性模量比（夹杂物/基体）的实例进行了计算分析，并与有限元模拟的结果进行了比较。2003 年，Shodja 等基于 Eshelby 等效夹杂物方法和 Hill 理论，提出了任意方位裂纹在相互影响的情况下应力强度因子的计算式。该方法可用于计算在非均匀载荷作用下，Ⅰ、Ⅱ、Ⅲ及混合型裂纹的应力强度因子。Xiao 等也基于 Eshelby 等效夹杂物方法计算了各向同性材料中夹杂物的应力强度因子，讨论了应力强度因子随夹杂物与基体间弹性模量比的变化情况。2006 年，Benedikt 等在考虑夹杂物间相互干涉的情况下，采用 Eshelby 等效夹杂物方法计算了位于无限大各向同性基体中的多个球形夹杂物的三维弹性应力场，采用泰勒（Taylor）级数展开式来近似求解 Eshelby 的等效方程，并计算了球心连线相互垂直的 5 个和随机分布的 40 个硬质球形夹杂物(E_i/E_m=16)两种情况下夹杂物内部沿半径方向的应力分布情况。Nakasone 等考虑到 Eshelby 等效夹杂物方法在计算上需要进行难度较大的数学表述，计算烦琐，而且无法解决球形和椭球形以外的其他形状夹杂物。因此，他们基于 Eshelby 等效夹杂物思路，位移函数仍然用格林函数表示，但本征应变的系数却用极坐标下的 I 积分来表示，从而建立了新的可以计算三角形、矩形等形状夹杂物弹性应力场的数值计算方法。这种方法虽然数学处理简便，计算过程较快，但主要用于单个夹杂物的二维问题分析，对于多夹杂物干涉下的弹性应力场计算则显得不足。闫相桥将适用于单一裂纹的 Bueckner 原理扩充到含有多裂纹的一般体系，将原问题分解为远处承受载荷不含裂纹的均匀问题和远处不承受载荷但在裂纹面上或孔洞表面上承受面力的多裂纹多空洞问题，提出了平面弹性介质中裂纹间及空洞与微裂纹相互作用的数值计算方法，并先后分析了多空洞多裂纹相互作用、有限长主裂纹与微裂纹的相互作用、主裂纹与微裂纹的相互作用。此外，闫相桥还采用边界元计算了无限大板椭圆孔的分支裂纹问题。

纵观现有的夹杂物局部应力应变场研究成果，可以发现大量的研究工作是针对有限数量的夹杂物(多为球形)，考虑夹杂物间相互干涉的夹杂物局部应力应变场的计算，大多采用有限元和边界元等方法完成。在数值计算方面，Eshelby 等效夹杂物方法是目前最有影响力的、受到普遍认同的细观分析方法，夹杂物间的相互干涉对夹杂物应力应变场的影响是目前材料细观损伤研究工作中必须考虑的重要因素。

在实验研究方面，张讯和李金瀛曾对垂直于外加应力且相互平行的三个裂纹的屏蔽效应进行过光弹实验。廖敏和杨庆雄采用变柔度方法来计算多裂纹间的相互影响，并在实验上针对 LY12CZ 制作的双孔疲劳试件，用应变片测量了孔端应变随加载循环的变化情况；邹化民等分别用常规正焦会聚束电子衍射(convergent-beam electron diffraction, CBED)和大角度 CBED 技术测试了复合材料界面残余应变场。施忠良等则通过 X 射线衍射、场发射扫描电镜和透射电镜观察并研究了 SiC 颗粒增强铝基复合材料界面组织组成、特征及其反应产物的微观形貌。刘俊友等用 X 射线衍射和扫描电镜研究了界面反应与界面产物对 SiC 颗粒增强铝基复合材料性能的影响。洪宝宁和徐涛采用由显微图像序列计算细观变形场方法直接对夹杂物附近萌生疲劳裂纹过程进行细观(小于 0.1mm×0.1mm)实验观察，研究萌生疲劳裂纹过程中的循环塑性应变场及其随循环次数变化的规律。姜铃珍等用反射式激光全息干涉测量了 I 型裂纹尖端的应变场，并结合断裂力学理论在定量分析方面进行了有益的尝试。2006 年，汤庆辉和叶彬应用光弹性方法对单、双侧多裂纹应力强度因子进行了测试和比较分析，确定多裂纹情况的应力强度因子，旨在为复杂多裂纹结构的安全评定提供必要的依据。Fitzpatrick 等利用中子衍射来测量 SiC 颗粒增强铝基复合材料中疲劳裂纹尖端的应变场。Nugent 等联合应用光弹性技术和示踪技术从实验上测量了延性材料中单个弹性夹杂物周围的应力应变场，并与 Eshelby 的计算结果进行了比较。Baruchel 等用 X 射线断层摄影术实时研究了 SiC 颗粒增强铝基复合材料的细观损伤演化。

从目前国内外就多夹杂物开展的实验研究工作来看，研究内容主要针对单个夹杂物(裂纹居多)的应力应变场，实验方法也多种多样，其中，洪宝宁和徐涛、Baruchel 等的工作使用的是目前最先进的细观观测手段，对实验设备和实验技术的要求较高，而且后者的精度偏低且费用很高。相比较而言，以全息、光弹性和散斑为代表的光测力学方法仍是目前最方便、快捷、节约、应用最多、能较好满足多夹杂物干涉测量要求的实验方法。

1.3　颗粒增强金属基复合材料的研究进展

1.3.1　颗粒增强金属基复合材料的发展应用

随着科技的发展，现代科学技术对材料有了更高的要求，不仅要求材料具有良好的综合性能，如低密度、高强度、高刚度、高韧性、高耐磨性以及抗疲劳性等，还要求材料能在极端环境(高温、高压、高真空、强腐蚀和辐照等)中服役。传统单一功能属性的材料已很难满足工业需求，因此需要将具有不同性能的材料复合在一起形成多相材料，使之具有各组分材料的特点，以满足高新技术发展的需求。

颗粒增强金属基复合材料(particule reinforced metal matrix composites，PRMMCs)由陶瓷等增强体与金属基体复合而成，它既具备基体材料的良好韧性又表现出陶瓷相高强度、高刚度的优点，同时体现出较高的比强度、比刚度以及热稳定性、耐磨性能等。PRMMCs作为一种高性能材料，最初是为军事系统服务的，自20世纪60、70年代一经出现，就引起了世界各国研究人员的广泛关注。经过五十多年的发展，在PRMMCs研究开发和工程应用方面人们均取得了重要突破，将其广泛应用于航空航天、电子电器、汽车以及先进武器系统等工业领域。此外，PRMMCs制备工艺相对简单，具备很强的可设计性，欧美等发达国家已经对该类高性能材料进行了规模化工业生产，并把此类材料的应用和开发列为21世纪新材料研究的重点方向。

随着PRMMCs在工程结构及复杂工作环境领域的应用，其基本力学性能、疲劳断裂性能及动态冲击力学性能的研究越来越得到研究工作者的青睐。增强相的加入使得复合材料强化和断裂损伤机制较基体材料复杂，影响因素众多，大致分为以下几类。

(1)基体本身，对基体进行二次加工，使材料微结构进行二次改造从而提高基体的强度等，如基体时效处理、晶粒细化等。

(2)增强颗粒含量、尺寸、形状等。

(3)基体和增强相的界面处理，通过物理、化学工艺使基体和第二相在界面处粘结强度提高，从而改善其物理、机械性能，如颗粒表面清洗、化学镀铜等工艺。

(4)制备工艺。由于PRMMCs的制备方法多样，不同制备工艺对材料的最终形成机理及强度的形成均有较大差异。另外，制备工艺过程中的过程参数对复合材料性能的影响也较为突出，如热压烧结工艺的球磨工艺、烧结时间等。

1.3.2　颗粒增强金属基复合材料的研究现状

1. 颗粒增强金属基复合材料的制备

颗粒增强金属基复合材料的概念提出后，如何开发出一种简单经济、微观组织结构分布合理、力学性能优越的制备工艺一直是材料科研工作者致力于攻克的难题之一,从基体和增强相的选择到工艺参数的确定和改进等都需要经过大量的实验验证、理论创新以及持续改进。从国内外相关文献来看,颗粒增强金属基复合材料的制备工艺主要有粉末冶金、摩擦搅拌焊接法、喷射沉积、挤压铸造。现对几种制备工艺的发展和特点进行简要介绍。

1) 粉末冶金法

粉末冶金是以金属粉末为原料,经过成形和烧结,制造金属材料、复合材料以及各种类型制品的材料制备技术,其基本工艺是:制取原材料粉末,生坯制作,特定温度下烧结成型,使最终材料或制品具有所需的性能,具体步骤见图 1-1。

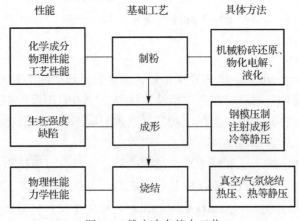

图 1-1 粉末冶金基本工艺

2) 摩擦搅拌焊接法

摩擦搅拌焊接法(friction stir processing,FSP)源于摩擦搅拌焊接工艺,是一种新型材料加工制备方法。一般的,制备金属基复合材料的 FSP 工艺又可以分为直接法和间接法。直接法是将增强颗粒预先置于金属板材内进行摩擦搅拌焊接,直接将颗粒均匀地搅进基体当中,并达到致密化,最终形成复合材料;间接法是先将增强相颗粒与基体粉末混合,然后冷压或热压烧结成块状生坯,最后对生坯进行摩擦搅拌焊接,使颗粒分布均匀、致密,形成复合材料。

FSP 工艺过程主要有添加增强相、封口和摩擦搅拌三个步骤,如图 1-2 所示。首先将金属板材开槽,槽的大小视样品大小而定,随后将增强颗粒添加到槽中,然后将金属板材固定在工作台上并用平头搅拌头封口,再用锥形搅拌头进行搅拌摩擦加工。高速旋转的搅拌头在轴向压力的作用下钻入板材。高速旋转的搅拌头在库仑摩擦和剪切摩擦作用下产生大量的热量,这些热量将导致搅拌头附近的金属迅速升温并且很快软化,在旋转作用下材料发生大范围的迁移。此外,搅拌头在高速旋转的同时将沿着槽向前走刀,在走刀的过程中增强材料被向前和旋转的推动力分散在基体材料附近,部分被包裹,这样搅拌摩擦加工后就制备了增强复合材料。

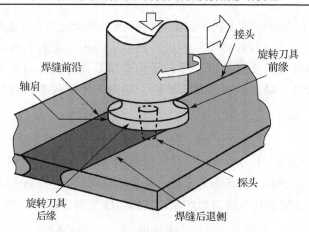

图 1-2　搅拌摩擦焊接过程示意图

3) 喷射沉积法

喷射沉积法(spray depostion, SD)制备复合材料的原理如图 1-3 所示。首先,在真空熔炼室中将金属基体熔化;然后,在高速惰性气体(N_2、Ar)氛围保护下,将金属液流雾化成弥散的液态雾滴,并将其喷射到金属沉积器上迅速凝固形成高度致密的预成形复合材料毛坯;再经过机加工后处理即可制成各种工业用零配件。

喷射沉积法集成了铸造法和粉末冶金技术的特点,具有以下优点:喷射成形对原材料只须进行一次加工便可得到机械零件成品、半成品,有效缩短了工艺流程,大大降低了生产成本;由于受到惰性气体(N_2、Ar)氛围的保护,避免了复合材料在混粉、烧结、挤压等过程中的氧化和掺杂等问题;喷射成形技术通用性强、产品多样性较广,在某些领域,可代替传统的粉末冶金技术。

4) 挤压铸造法

挤压铸造法(squeeze casting method, SCM)是指在压力的作用下,将液态的金属液体浸入预制增强体中,从而制备复合材料的一种工艺。图 1-4 演示了挤压铸造法制备复合材料的基本过程。其工艺流程主要有两步:预制增强体块和复合材料的挤压铸造。首先,采用注入模、干压或粉浆浇铸等方法制备增强体预制块,然后将其置于压铸模具中;其次,通过加热升温使金属基体熔化成液态并浇入模具中,再通过压力机施加压力使液态金属渗入到预制块中,待其凝固即可制成复合材料。这种方法制备的复合材料会有一定量的气体残留,但总体质量保持较好,工艺稳定性好。

挤压铸造法的设备复杂程度低,操作方便,制备过程周期短,成本低,适宜大规模生产。另外,挤压铸造工艺对增强体和基体润湿性能要求较低,具备生产大块体和高颗粒含量复合材料的能力。

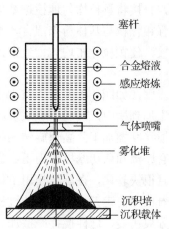

图 1-3　喷射成形过程示意图

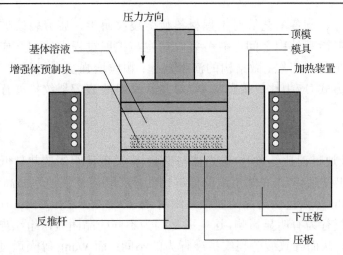

图 1-4　挤压铸造设备示意图

2. 宏观尺度下颗粒增强金属基复合材料疲劳裂纹扩展研究

对于工程实际问题，作用在受力构件上的荷载往往随时间呈循环变化，理论上将这种在交变荷载作用下产生的失效破坏，称为疲劳破坏。对于疲劳破坏而言，最开始采用无限寿命设计和安全寿命设计进行选材及构配件设计。无限寿命设计作为最早发展起来的设计方法，它要求受力构件在无限长的使用期内，不发生疲劳破坏失效。随后安全寿命设计方法逐渐发展起来，这种设计方法认为在规定寿命使期内，不允许构件出现疲劳裂纹。这种方法的设计依据是材料的 S-N 曲线，但 S-N 曲线测试对试样的表面粗糙度要求十分严格，不允许出现宏观缺陷，但在材料和构件的生产加工过程中，或多或少地都会引入或残留各种工艺缺陷和加工痕迹，这种工艺缺陷和加工痕迹可以统称为裂纹。因此，用传统的设计方法来评价带裂纹构件是不可靠的，且存在诸多隐患。

在现代工业活动中，真实的结构往往都存在裂纹等先天缺陷，对于此类含裂纹的构件，其发生破坏时的服役荷载一般远低于传统设计方法确定的容许强度。特别的，实际工程结构的服役时间长、所处环境较复杂，更容易产生严重变形、萌生裂纹，从而导致结构快速失效。据不完全统计，超过 80%的工程结构的断裂失效因疲劳而起，同时因疲劳引起的工程事故不胜枚举，每年造成的经济损失超过 1000 亿美元。然而，这其中的大部分损失可以通过采用合理的设计方法来避免。

颗粒增强金属基复合材料在制备过程中难免引入空洞、颗粒分布不均匀、界面粘接不牢等工艺缺陷。随着复合材料在工业生产中应用越来越广，不可避免地受到循环载荷的长时间作用，所以疲劳性能是复合材料设计中必须要考虑的一个非常重要的性能指标。因此，系统的开展颗粒增强复合材料的疲劳性能的相关研究是一个刻不容缓的课题。1990 年，Ritchie 等人对颗粒增强复合材料的疲劳行为进行了首次报道；几乎在同时期，我国的李昆等人开启了颗粒增强复合材料的疲劳裂纹扩展行为的研究。自此，不同体系下的 PRMMCs 的疲劳裂纹扩展行为的研究成果被陆续报道。

在复合材料疲劳行为的相关研究课题中，最热门的研究内容包括：材料晶粒、颗粒含量、颗粒尺寸、制备工艺等对工程材料疲劳裂纹萌生、疲劳裂纹扩展行为和疲劳寿命的影响；材料微观结构之间在疲劳裂纹萌生与扩展过程中的相互作用机制，材料在循环载荷作用下材料组织、微结构的演变规律；颗粒增强复合材料的高低周疲劳寿命；不同疲劳加载方式（应力比、载荷频率）对复合材料的疲劳裂纹扩展行为的影响。现逐一介绍如下。

1）晶粒尺寸

Guan 等人通过对比铁素体-珠光体与铁素体-贝氏体组织的热轧低碳钢的疲劳裂纹扩展行为，得出铁素体-珠光体组织的低碳钢的疲劳裂纹扩展速率要高于铁素体-贝氏体组织；同时，Shi 等人也认为晶团显微组织对 Ti–6A1–2Zr–2Sn–3Mo–1Cr–2Nb 钛铝合金的疲劳裂纹扩展行为有明显影响，这主要是因为不同的晶团显微组织导致裂纹扩展路径偏折程度不同，从而导致疲劳裂纹扩展行为的不同；而 Wang 等人通过研究不同微观结构的钛铝合金疲劳裂纹扩展以及裂纹闭合行为，最终发现导致裂纹扩展速率变化的内在影响机制是塑性和粗糙度诱发的裂纹闭合效应以及裂纹扩展路径的偏折。另外，Du 等人通过研究 700℃、800℃、900℃下不同晶粒尺寸 IN792 高温合金的疲劳行为发现，晶粒尺寸对高温合金的疲劳寿命有明显的影响，但随着温度的升高，这种影响显著降低；Järvenpää 等人也认为晶粒尺寸对 301LN 型不锈钢的疲劳极限和疲劳寿命有较大影响，且认为通过晶粒细化可以改善 301 型不锈钢的疲劳抗力。这说明基体材料的晶粒尺寸等微观结构对材料的疲劳行为的影响是明显的，晶粒细化可以提高金属材料的疲劳寿命和疲劳抗力。

2）颗粒含量

增强颗粒的加入使复合材料的微观结构变得异常复杂，这终将导致复合材料的疲劳性能和基体的疲劳性能差异显著，这给材料研究者带来了较大的挑战，同时也是一个机遇，引起了大批国内外研究者的兴趣。增强体的加入，一方面使得基体的强度、弹性模量得以提高；另一方面，颗粒的存在限制了基体的塑性变形。因此，复合材料疲劳裂纹扩展机制较基体材料要更加复杂多变。

Sugimura 和 Wang 等人分别研究了颗粒体积分数对 SiC$_p$/Al 和 TiB$_2$/A356 颗粒增强复合材料的影响，得到的相关结论是：复合材料的疲劳裂纹扩展速率比基体快，另外随颗粒含量的增多而加快。这主要是因为在循环载荷作用下，增强颗粒的断裂导致裂纹扩展抗力降低。Llorca 和 Yang 等人发现用粉末冶金法制备的 SiC$_p$/2618Al 合金和 TiB$_2$/Fe 颗粒增强复合材料，由于颗粒的加入提高了裂纹扩展门槛值，在近门槛值区，域裂纹扩展速率要慢于基体材料；但随着应力强度因子的增加，裂纹扩展速率要大于基体材料，且最终的断裂韧度要低于基体材料。李微和 Gasem 等人分别对颗粒增强复合材料 SiC$_p$/Al-7Si 和 Al$_2$O$_3$/6061Al 进行相关研究，得出的结论是：随着颗粒含量的增加，疲劳裂纹扩展速率减小。颗粒的加入使裂纹扩展路径变得更加曲折，这一方面降低了裂纹尖端的扩展驱动力；另一方面增加了纹面的粗糙度，由粗糙度引起的裂纹闭合效应降低了裂纹扩展驱动力，从而减小了裂纹扩展速率。

3）颗粒尺寸

从相关研究成果来看，复合材料的疲劳行为和增强体的尺寸大小密不可分。颗粒尺寸和裂纹扩展的相互作用引起裂纹面粗糙程度不同,从而导致裂纹闭合效应也各异。

复合材料的疲劳性能很大程度上取决于陶瓷颗粒自身的断裂与否。在循环载荷作用下,如果颗粒不发生断裂破坏,主裂纹将绕过增强颗粒引起裂纹路径偏转,此时扩展的主裂纹方向会偏离 I 型裂纹扩展面而曲折前进,无形中增加了疲劳裂纹表面的粗糙度,从而加大了裂纹尖端的闭合效应,最终导致裂纹尖端处的驱动力减小,并且颗粒尺寸越大,裂纹扩展驱动力降低越明显。Shang 和 Ritchie 通过对比不同颗粒尺寸下 SiC/Al 复合材料疲劳裂纹扩展行为发现,大尺寸(16μm)SiC 颗粒的疲劳裂纹扩展门槛值高于小尺寸(5μm)SiC 颗粒,指出了增强颗粒尺寸影响疲劳裂纹扩展门槛值的主要原因是粗糙度引发的闭合效应。当疲劳裂纹导致颗粒自身发生断裂破坏时,断裂破坏的颗粒并不利于复合材料疲劳裂纹扩展抗力的提高,且大尺寸颗粒相比小尺寸颗粒更容易发生断裂破坏,这说明颗粒尺寸越大,材料的疲劳裂纹扩展抗力越差。

因此,颗粒尺寸在复合材料里扮演的作用依赖于疲劳裂纹和颗粒的相互作用,当颗粒不发生断裂时,颗粒的存在使得裂纹扩展路径偏折,同时裂纹扩展面粗糙度增加,引起裂纹闭合效应增大,提高了疲劳裂纹扩展抗力;而当颗粒发生断裂和脱粘现象时,断裂的颗粒往往是疲劳裂纹源,容易引起疲劳裂纹的萌生,从而疲劳裂纹扩展抗力有所下降。

4) 应力比

不同应力比对材料疲劳裂纹扩展的影响以及相关的影响机制,目前国内外对这个问题的看法还没有达成一致。许多专家学者进行了大量的研究工作,得出一些有益的结论,但这些结论还不能完全解释各种试验现象。Kondo 等人通过研究应力比对亚微米厚独立铜膜的疲劳裂纹扩展行为的影响时,发现疲劳裂纹扩展速率随应力比的增大而增大。上官晓峰则发现应力比越大,铸造 TC4 钛合金的疲劳裂纹扩展门槛值越小。同时,应力比越大其疲劳裂纹扩展速率越大,即裂纹扩展曲线随应力比的增大逐渐向左移动。

由于影响颗粒增强复合材料疲劳裂纹扩展速率的主要机制是裂纹闭合效应,颗粒的加入引起裂纹面粗糙度变化,从而导致裂纹闭合效应提高。裂纹闭合的概念是在 20 世纪 70 年代早期由 Elber 最先提出的,裂纹闭合效应被认为是应力比对疲劳裂纹扩展速率的影响机制。带裂纹构件在疲劳载荷作用下,一个循环内裂纹尖端的应力强度因子为 K_{max} 和 K_{min},当有裂纹闭合效应、应力强度因子小于 K_{op} 时,裂纹面之间将过早的相互接触。因此,裂纹闭合效应的存在使得施加在裂纹尖端的裂纹扩展驱动力 ΔK 减小为有效的裂纹扩展驱动力 ΔK_{eff},

$$\Delta K_{eff} = K_{max} - K_{op} \tag{1-1}$$

裂纹闭合效应的大小可以用裂纹闭合系数 U 来定量表示,裂纹闭合系数是应力比的函数

$$U = \frac{K_{eff}}{K_{max}} = f(R) \tag{1-2}$$

为了量化裂纹闭合的影响,Elber 将有效应力强度因子幅 ΔK_{eff} 引入到裂纹闭合模型中。在此基础上,Schijve 等研究者对有效应力强度因子幅 ΔK_{eff} 进行过更深入地研究,提出了不同的裂纹闭合模型;Kondo 发现导致不同应力比下亚微米厚独立铜膜疲劳裂纹扩展速率变化的主导机制之一是裂纹尖端损伤机制 K_{max} 的影响。

裂纹闭合概念的提出是伴随着争议的,研究者们关于裂纹闭合对裂纹扩展的意义也没有达成一致意见。另外,有效应力强度因子理论对于准确测量裂纹张开应力也比较关键。

虽然自裂纹闭合效应的提出之后，有关裂纹闭合的确定方法得到了发展，如传统柔度法、电位下降技术、数字图像相关技术和有限元计算法等，但是测量步骤相对繁杂，且对环境要求较为苛刻，所以裂纹张开应力的测量也限制了裂纹闭合效应的应用。

3. 细观尺度下颗粒增强金属基复合材料疲劳裂纹萌生研究现状

对于一般的材料构、配件来说，制备工艺带来的气孔缺陷、机械加工留下的切削痕迹以及表面夹杂物等应力集中部位，往往是疲劳裂纹最先萌生和形核的地方。而对于一般的光滑试样来说，裂纹萌生和形核很大程度上取决于材料的微观组织结构，主要有以下几种方式：

1) 滑移带开裂

滑移带开裂是韧性金属无裂纹光滑试样裂纹萌生和形核的主要方式之一。金属的晶粒组织是任意取向的，当其中部分晶粒的取向与最大剪应力作用面平行时，剪应力导致晶粒产生滑移带。这种滑移带仅出现在局部，且随着疲劳过程的进行，原有滑移线的滑移量逐渐增大，滑移带的出现使得晶粒周围的应力重分布，从而导致其他晶粒取向的滑移带出现，滑移带逐渐演化，最终形成沿着滑移方向扩展的主裂纹，然后主裂纹长大穿过晶粒形成宏观裂纹并最终断裂，见图 1-5(a)。

2) 晶粒边界开裂

晶粒边界开裂是因为滑移带的演化在晶粒边界受阻。随着疲劳损伤的累积，滑移带在晶粒边界处引起的应变逐渐增大，在晶粒边界附近产生位错塞积。当晶粒边界位错塞积形成的应力达到理论断裂强度时，晶界就会被撕开，从而形成裂纹，如图 1-5(b) 所示。

(a) 滑移带开裂　　　　　　　　　　　　　　(b) 晶界开裂

图 1-5　金属疲劳裂纹萌生形式

综上可以发现，不管是滑移带开裂还是晶粒边界开裂，都伴随着滑移线的演化，在实验中这两种情况并不是独立存在的，当出现裂纹滑移带开裂的时候也会伴随晶粒界面开裂，这跟外部载荷、环境、材料强度、微观组织结构等密切相关。

3) 夹杂物与基体界面脱粘

材料制备控制技术的改进和提高，使得材料的纯洁度得到了大幅提高，一定程度上减少了非金属夹杂物的含量。但是，金属材料在冶炼和轧制过程中不可避免地会带入非金属等夹杂物；而对于颗粒增强复合材料来说，夹杂物主要是作为第二相材料人为添加到金属中的。因此，夹杂物的掺入以及第二相的添加都将直接影响到金属材料的疲劳寿命及其他相关力学性能。掺入的夹杂物(第二相颗粒)与金属基体之间的润湿性较差，在循环载荷的作用下基体发生较大的塑性变形，夹杂和基体间的变形不匹配，导致界面脱粘形成裂纹源，从而导致疲劳裂纹萌生，见图 1-6(a)。

4) 夹杂物本身断裂

如前所述，金属材料在铸造成型过程中往往会有一些非金属夹杂物的掺入或人为添加第二相颗粒。在循环载荷作用下，夹杂物的自身有可能存在缺陷或者颗粒周边基体材料的塑性变形，使夹杂物内部应力达到了夹杂的断裂极限，从而导致夹杂物发生了脆性断裂，见图 1-6(b)。

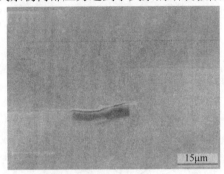

(a) 颗粒脱粘　　　　　　　　　　(b) 颗粒开裂

图 1-6　带夹杂材料疲劳裂纹萌生

夹杂物的掺入或增强相的添加对疲劳裂纹的萌生和扩展的影响是显著的，这导致夹杂物或增强相自身断裂或界面脱粘的情况比较复杂，这除了和材料属性、界面强度等有关外，还和颗粒在基体里的取向以及疲劳载荷方向之间的夹角有关。

当颗粒长轴方向与加载方向之间的夹角较小时，由于夹杂的弹性模量较大，承担了大部分的载荷，当颗粒内部的应力超过夹杂的极限强度时颗粒会被拉断，形成裂纹源；而当颗粒长轴与加载方向形成的角度较大或者垂直时，因为界面结合处较为薄弱，粘结强度较低，所以更容易脱粘形成微裂纹。李微等人发现颗粒脱粘或者断裂很大程度上取决于颗粒长轴方向和载荷之间的夹角，见图 1-7。当颗粒的长轴方向与主裂纹面形成的夹角小于 45°时，颗粒与基体的界面容易发生解离脱粘，裂纹绕颗粒扩展；当颗粒长轴与主裂纹面之间的夹角大于 45°时，颗粒更倾向于自身断裂失效。

5) 小裂纹扩展

结合疲劳裂纹扩展全曲线，整个过程可以分为小裂纹扩展和长裂纹扩展阶段。与长裂纹扩展相比，小裂纹扩展有两个明显的特征：小裂纹扩展阶段占据了疲劳断裂全过程的大部分时间，裂纹萌生和小裂纹扩展阶段占据疲劳总寿命的比率达 70%~80%，是影响疲劳寿命的决定性因素之一；当裂纹尖端断裂控制参量应力强度因子幅低于长裂纹门槛值 ΔK_{th} 时，疲劳小裂纹依然会扩展，但是裂纹扩展速率波动比较明显，甚至瞬时减速或加速，这是线弹性断裂力学无法解释的"异常现象"，这个反常现象又称为小裂纹效应。

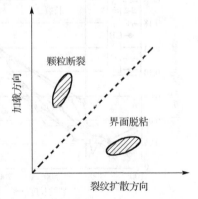

图 1-7　颗粒的位相与裂纹的关系

Kitagawa 提出了小裂纹的特征尺度 a_0 的概念，图 1-8 详细介绍了特征尺度的概念，当裂纹长度大于特征尺度时，门槛应力 $\Delta\sigma_{th}$ 和 $a^{-1/2}$ 呈线性关系，这时材料的门槛值 ΔK_{th} 是恒定的；而随着裂纹长度的减小，门槛应力和 $a^{-1/2}$ 的关系逐渐偏离原来的直线，且斜率逐渐减小，直至趋于疲劳极限应力幅 $\Delta\sigma_c$。再结合式（1-3），就可以解释小裂纹在长裂纹门槛值 ΔK_{th} 以下扩展的"反常现象"。

$$\Delta\sigma_{th} = \frac{\Delta K_{th}}{Y\sqrt{\pi a}} \tag{1-3}$$

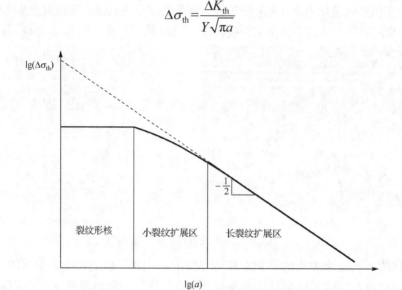

图 1-8　循环应力门槛值 $\Delta\sigma_{th}$ 和裂纹尺寸 a 的关系

Cappelli 通过实验确定了单相铝合金从小裂纹向长裂纹转变的临界尺寸 a_t，这个临界尺寸 a_t 大概是 15 个晶粒尺寸，约 350μm。小裂纹向长裂纹转变的临界点是：当小裂纹的扩展速率离散性显著减小时对应的裂纹长度，如图 1-9 所示。Deng 在研究不同应力水平下

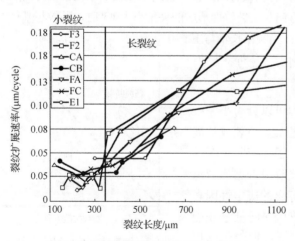

图 1-9　小裂纹向长裂纹转变的临界尺寸

304 不锈钢的疲劳小裂纹扩展机制时发现：小裂纹萌生和扩展阶段占到疲劳总寿命的 60%～80%，疲劳小裂纹扩展速率波动较大时，晶粒边界和附近裂纹会导致疲劳裂纹减速。当小裂纹长度达到临界尺寸 200μm 时，裂纹快速扩展且波动趋于稳定。

小裂纹与长裂纹扩展行为相比，另一个显著区别是，小裂纹扩展速率和扩展路径对微观结构特别敏感。对于这一现象的解释，业内也已基本达成共识：首次，晶粒边界和小裂纹的相互作用是导致裂纹瞬间加速和减速的主要原因；其次，近小裂纹扩展速率数据离散性较大，这主要源于门槛值附近的小裂纹闭合效应的影

响。Chen 等人研究表明裂纹更倾向于和周围分布的大颗粒或者高角度晶粒边界连接，大颗粒会大大加速疲劳裂纹扩展速率。

此外，颗粒增强复合材料中颗粒对小裂纹扩展行为的影响及影响机制也引起了研究人员的关注。邹利华等人研究了 SiC 颗粒对 $SiC_p/2009Al$ 复合材料疲劳短裂纹扩展的影响，发现在小裂纹扩展阶段并没有观察到颗粒断裂的情形。颗粒既增加了裂纹闭合效应，还使小裂纹扩展路径发生偏折，偏折的裂纹路径有效降低了裂纹扩展驱动力，同时还增加了裂纹扩展路径。在以上两种机制的同时作用使得 $15\%SiC_p/2009Al$ 复合材料疲劳性能明显提高。

综上，自小裂纹效应被发现之后，现已提出了多种解释小裂纹效应的理论机制，且已得到了实验验证。随着人们对小裂纹扩展机制的逐渐认识和理解，复合材料的小裂纹扩展行为已经成为材料研究的热点之一。

6) 数值模拟

复合材料在实际加载过程中可能出现较大的塑性变形，各组分间的弹性错配使得界面处容易出现脱粘。Kushch 基于内聚力界面模型模拟了纤维增强复合材料的界面脱粘的渐进性损伤，实现了纤维–基体界面脱粘的数值模拟，见图 1-10。除了选择合适的基体和增强颗粒外，界面脱粘与否是限制颗粒增强复合材料性能提升的关键因素之一。但是，由于界面脱粘一般发生在材料内部，况且由于增强颗粒尺度一般在几微米到几十微米之间，很难通过实验测试手段进行分析研究，因此借助数值模拟来研究界面脱粘的演化规律不失为一种行之有效的方法。

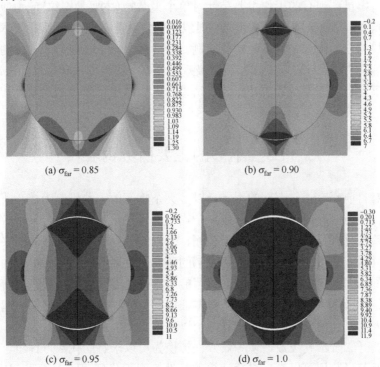

(a) $\sigma_{far} = 0.85$　　　　(b) $\sigma_{far} = 0.90$

(c) $\sigma_{far} = 0.95$　　　　(d) $\sigma_{far} = 1.0$

图 1-10　单个纤维两边脱粘

除了界面脱粘的数值模拟引起大量关注外，颗粒和主裂纹相互作用机制方面的数值研究也如火如荼。Chang 利用扩展有限元法对比了颗粒尺寸和含量对金属基复合材料裂纹扩展行为的影响。计算结果显示，颗粒尺寸越小或者含量越大，复合材料抗疲劳裂纹扩展的能力越好，但研究中没有考虑颗粒与基体的界面黏结情况，将颗粒和基体之间的界面处理为完全刚性连接。Ayyar 则通过建立真实微观结构的有限元模型，利用 FRANC2D/L 软件模拟了颗粒增强复合材料的疲劳裂纹扩展行为，对比了颗粒分布形式对裂纹扩展路径的影响，并且利用非线性界面单元模拟了颗粒断裂对裂纹扩展行为的影响，发现当颗粒完好时，裂纹绕过颗粒往前扩展；当颗粒断裂时，裂纹则穿过颗粒扩展。

1.4 目前研究工作存在的主要不足

尽管夹杂物理论在 20 世纪 80 年代就已应用到几乎所有的工程材料，如金属与合金、复合材料、结构陶瓷、结构高分子、岩石、混凝土等，而且主要用来研究工程材料中下列六个方面的科学问题：①平均弹性模量和平均热学性质；②非弹性本构关系；③包括空洞的形成、扩展和破坏在内的夹杂物特性；④裂纹和夹杂物的相变增韧，裂纹在复合材料中的扩展和应力强度因子；⑤夹杂物的滑移与脱粘；⑥夹杂物的动态响应。然而，纵观材料各类微结构间以及它们和宏观缺陷之间的相互影响机制的现有研究成果，理论成果居多，难于方便、直观地应用于夹杂物问题的分析，而数值分析则主要依赖 ANSYS、DEFORM、MSC.Mrac、Abaqus 等大型有限元程序进行。相比之下，关于夹杂物干涉机制的实验研究成果显得更为零星，现有的工作主要是针对单个夹杂物(主要是裂纹)应力应变场的实验研究；而利用光学显微镜、电子显微镜、X 射线衍射仪甚至 X 射线断层摄影术等手段也主要是对复合材料的细、微观结构进行实验观测。针对多个夹杂物应力应变场的实验研究则很有限。这种现象主要受到现有的实验测试及观测设备、实验方法和技术的限制。与此同时，实验研究的不足也对理论及数值计算分析结果的认识产生了诸多的局限性和不确定性，从而影响理论的创新和数值计算的发展。

1.5 本书的主要研究内容

本书针对目前研究工作存在的不足，以多夹杂物间的干涉机制为核心研究内容，以目前影响最大、最为成熟的 Eshelby 等效夹杂物方法为理论基础，联合采用数值计算、数字全息干涉实验和复合材料损伤演化细观观测、有限元计算等手段开展对多夹杂物间的干涉机制及其对材料细观损伤的衍生和演化影响的研究。主要开展以下六个方面的研究工作。

(1)基于 Eshelby 等效夹杂物方法，编写能用于计算不同类型多夹杂物应力应变场的数值化算程序。参考 Moschovidis 方法，将本征应变、外加载荷和由它们引起的应变场用坐标的多项式表示。运用叠加原理，建立两个以上多夹杂物问题的等效方程，利用泰勒级数将等效方程展开二阶泰勒级数，使等效方程转换为可以求解的代数方程组。将描述位移场的位势函数及其导数用可以直接进行计算的显性椭圆积分(I 积分)表示，从而使等效夹杂物方法的数值化计算成为可能。

(2)验证本书编写的多夹杂物数值计算程序的合理性和可靠性。通过进行文献中的计算结果和本书全息干涉实验测量结果的比较，以及复合材料细观损伤的衍生和演化情况的对比分析来验证本书编写的数值计算程序的合理性和可靠性。

(3)应用本书编写的数值计算程序完成对不同性质、不同类型和不同构型夹杂物应力场的计算，研究夹杂物间的干涉机制及其对材料细观损伤演化的影响。

(4)为克服传统全息干涉实验条件苛刻、实验周期长、技术要求高等困难，顺应光学测量数字化的要求，开发数字实时全息测量系统。在数字实时全息测量系统的开发中，通过光路的创新设置，扩大数字实时全息的测量范围以适应本书的实验要求；提出新的消除零级衍射干扰并保留物光场高频信息的数字实时全息测量方法以及相应的测量数据处理方法，并编制出相应的数字图像处理程序，获得理想的数字全息干涉图。通过针对相同试件完成的数字实时全息测量结果与传统全息测量结果的比较，验证本书开发的数字实时全息测量系统的可靠性。最后利用该系统进行典型构型空洞和裂纹的干涉应变场测试，分析夹杂物间的干涉机制、干涉条纹的衍生和传播并与数值计算结果进行比较。

(5)复合材料细观损伤的衍生和演化情况的细观观测。通过 ZrO_2 颗粒增强 2124 铝基复合材料在不同疲劳应力水平下，经历不同的疲劳循环后，材料的细观损伤的衍生和演化情况的细观观测，结合数值计算，分析夹杂物间的干涉机制及其对材料的细观损伤的衍生和演化的影响。

(6)借助大型通用有限元分析软件 ANSYS 作为有限元分析平台，改进多颗粒随机分布胞体模型，并用此模型计算颗粒增强金属基复合材料的弹性模量和不同体积分数下颗粒增强复合材料内部的应力场，分析复合材料中颗粒体积分数、颗粒空间分布对应力场的影响。结合复合材料微结构细观观测研究，分析颗粒增强复合材料中颗粒的开裂、脱粘、微裂纹萌生演化等细观损伤的衍生和演化机理。用轴对称胞体模型、立方胞体模型、多颗粒随机分布胞体模型计算不同体积分数和颗粒形状下球体、椭球体夹杂物的电流密度分布、温度场、应力场。分析复合材料中颗粒体积分数、颗粒形状、颗粒间的距离对电流、温度和应力的影响，通过对应力场的分析，研究颗粒增强复合材料细观损伤的衍生和演化机理。

第2章 等效夹杂物研究方法

本书所称的夹杂物是指在一个无限大各向同性均匀介质 D 中的一个子域 Ω，在未受外力作用的情况下该子域 Ω 具有下列特殊情形之一：①该子域的弹性模量与 D-Ω 域（基体）相同，但该子域上存在本征应变 ε_{ij}^*（夹杂物）；②该子域的弹性模量与 D-Ω 域（基体）不同（非均匀体）；③该子域的弹性模量与 D-Ω 域（基体）不同，且该子域上存在本征应变 ε_{ij}^*（非均匀性夹杂物）。为方便起见，本书把这三种情形的子域 Ω 均统称为夹杂物。这里的本征应变包括热膨胀应变、相应变、预应变、塑性应变、错配应变等非弹性应变。Eshelby 把这类应变称为无应力相变应变，Mura 则将其称为本征应变，以涵盖广泛的非弹性应变，本书统一采用本征应变这一称谓。

2.1 Eshelby 解析方法

目前，除球形和椭球形夹杂物外，其他形状的夹杂物都很难获得解析解。对于形状变化均匀的球形和椭球形（即椭球变形后仍为椭球），由于其封闭相内的应力和应变是均匀的，在数学上就变得容易处理。因此，在夹杂物问题的研究中，很多其他形状的夹杂物都要用球形和椭球形来模拟，球形和椭球形夹杂物问题也就成为夹杂物研究中最重要的基础性问题。Eshelby 针对椭球形夹杂物的局部弹性场进行研究，并取得了一系列很有意义的成果。

当一个处于无限大非均匀的各向同性弹性体中夹杂物发生形状和尺寸改变时，由于夹杂物周围基体介质的限制，在夹杂物及其周围基体介质的局部区域会产生一个任意的非均匀应变。Eshelby 采用一套简单的"切开"—"变形"—"连接"的假想处理来解决这个局部区域的弹性场问题。

(1)将夹杂物从基体中取出，并让它不受任何约束地产生本征应变。尽管此时在夹杂物和基体内均无应力，但可以根据胡克定律计算出产生相应的本征应变所需的外载荷为

$$\sigma_{ij} = \lambda \varepsilon^* \delta_{ij} + 2\mu \varepsilon_{ij}^*$$

(2)在夹杂物边界施加大小为 σ_{ij} 的应力，则夹杂物将恢复到变形前的形状和尺寸。将夹杂物放回取出前的基体中并假设夹杂物与基体材料重新"焊接"，保证夹杂物与基体的界面没有移动或滑动。

(3)撤除外加应力 σ_{ij}，让夹杂物在基体的约束下产生变形直至平衡。此时，虽然该无限大非均匀的各向同性弹性体没有受到外加载荷的作用，但夹杂物的局部区域却存在着一个因错配引起的分布体力。这样 Eshelby 就把一个复杂的本征应变问题转变为一个位移场有解析解的经典弹性力学问题。

本节将按不同夹杂物类型介绍相关的 Eshelby 解。

2.1.1 均匀性夹杂物

众所周知，无限大均匀弹性介质在作用于 x' 点的集中力 f_i 的作用下，在 x 处产生的位移场已由 Kelvin 给出：

$$u_i(x) = U_{ij}(x - x')f_j \tag{2-1}$$

如果本征应变 ε_{ij}^* 是均匀的，则式 (2-1) 可表示为

$$u_i(x) = \lambda \varepsilon^* \int_S U_{ik}(x - x')n_k(x')\mathrm{d}S + 2\mu \varepsilon_{kl}^* \int_S U_{ik}(x - x')n_l(x')\mathrm{d}S \tag{2-2}$$

由上述位移场即可求出夹杂物内外的应变场为

$$\varepsilon_{ij} = \frac{1}{2}(u_{i,j} + u_{j,i}) \tag{2-3}$$

基体中的应力为

$$\sigma_{ij} = \lambda \varepsilon \delta_{ij} + 2\mu \varepsilon_{ij} \tag{2-4}$$

由于在夹杂物区域内产生了一个 $-\sigma_{ij}^*$ 的应力，夹杂物中的总应力为

$$\sigma_{ij} = \lambda(\varepsilon - \varepsilon^*)\delta_{ij} + 2\mu(\varepsilon_{ij} - \varepsilon_{ij}^*) \tag{2-5}$$

式中，ε 是平均应变；ε^* 是平均本征应变。

利用格林函数表达式：

$$U_{ij} = \frac{1}{4\pi\mu}\left\{ \frac{\delta_{ij}}{|x - x'|} - \frac{1}{4(1-\upsilon)} \cdot \frac{\partial^2}{\partial x_i \partial x_j}|x - x'| \right\} \tag{2-6}$$

可得材料产生的位移场为

$$u_i^c = \int_S \mathrm{d}S \sigma_{jk}^* n_k U_{iy}(x - x') \tag{2-7}$$

式 (2-7) 给出了任意形状的夹杂物引起的位移场。

利用高斯定理，并注意 $\dfrac{\partial}{\partial x_i}|x - x'| = \dfrac{\partial}{\partial x_i'}|x - x'|$，可得

$$u_i(x) = \frac{1}{16\pi\mu(1-\upsilon)}\sigma_{jk}^* \psi_{,ijk} - \frac{1}{4\pi\mu}\sigma_{ik}\varphi_{,k} \tag{2-8}$$

式中，$\varphi = \int_V \dfrac{\mathrm{d}V}{|x - x'|}$，$\psi = \int_V |x - x'|\mathrm{d}V$。$V$ 是曲面 S 所包围的体积；φ 是调和势；ψ 是双调和势。

如果采用更方便的格林函数形式：

$$U_{ij}(x - x') = \frac{1}{16\pi\mu(1-\upsilon)|x - x'|}\left[(3 - 4\upsilon)\delta_{ij} + \frac{(x_i - x_i')(x_j - x_j')}{|x - x'|^2}\right] \tag{2-9}$$

则夹杂物的位移场可表示为

$$u_i(x) = \frac{\sigma_{jk}^*}{16\pi(1-\upsilon)} \int_V \frac{\mathrm{d}x'}{r^2} f_{ijk}(l) = \frac{\varepsilon_{jk}^*}{8\pi(1-\upsilon)} \int_V \frac{\mathrm{d}x'}{r^2} g_{ijk}(l) \tag{2-10}$$

式中，$r = |x - x'|$；$l = \dfrac{(x - x')}{r}$，l 是单位向量。

$$f_{ijk} = (1 - 2\upsilon)(\delta_{ij}l_k + \delta_{ik}l_j) - \delta_{jk}l_i + 3l_il_jl_k$$

$$g_{ijk} = (1 - 2\upsilon)(\delta_{ij}l_k + \delta_{ik}l_j - \delta_{jk}l_i) + 3l_il_jl_k$$

2.1.2 弹性模量与基体弹性模量相同的各向同性椭球夹杂物

1. 夹杂物内部应变场

椭球面 S 方程为

$$\frac{X_1^2}{a_1^2} + \frac{X_2^2}{a_2^2} + \frac{X_3^2}{a_3^2} = 1$$

当 x 位于椭球内时，其单位体积可表示为

$$\mathrm{d}x' = \mathrm{d}r\mathrm{d}S = \mathrm{d}rr^2\mathrm{d}\omega$$

式中，$\mathrm{d}\omega$ 是球心在 x 点的单位球面 Σ 与单位体积 $\mathrm{d}x'$ 相交的单位表面积。

在式 (2-10) 中对 r 积分，可得

$$u_i(x) = \frac{-\varepsilon_{jk}^*}{8\pi(1-\upsilon)} \int_\Sigma r(l)g_{ijk}(l)\mathrm{d}\omega \tag{2-11}$$

式中，$r(l)$ 是下面方程的正根：

$$\frac{(x_1 + r \cdot l_1)^2}{a_1^2} + \frac{(x_2 + r \cdot l_2)^2}{a_2^2} + \frac{(x_3 + r \cdot l_3)^2}{a_3^2} = 1$$

即

$$r(l) = -\frac{f}{g} + \left(\frac{f^2}{g^2} + \frac{e}{g}\right)^{1/2}$$

将 $r(l)$ 代入式 (2-11)，经运算后得夹杂物位移场为

$$u_i(x) = \frac{x_m\varepsilon_{jk}^*}{8\pi(1-\upsilon)} \int_\Sigma \frac{\lambda_m g_{ijk}}{g}\mathrm{d}\omega \tag{2-12}$$

相应的应变场也就可表示为

$$\varepsilon_{ij}(x) = \frac{\varepsilon_{mn}^*}{16\pi(1-\upsilon)} \int_\Sigma \frac{\lambda_i g_{jmn} + \lambda_j g_{imn}}{g}\mathrm{d}\omega = S_{ijkl}\varepsilon_{kl}^* \tag{2-13}$$

式中，S_{ijkl} 称为 Eshelby 张量。

由于式 (2-13) 的积分与坐标 x 无关，椭球夹杂物内部的应力应变场是均匀的。

尽管上述讨论是针对各向同性弹性体进行的，然而对一般的三维各向异性弹性介质，Eshelby 的上述重要结论同样是正确的。

2. 夹杂物外部应变场

当 x 点位于椭球夹杂物之外时，基体的弹性位移场可为

$$u_i(x) = -\int_\Omega C_{jlmn}\varepsilon_{mn}^*(x')G_{ij,l}(x-x')\mathrm{d}x' \tag{2-14}$$

将式(2-6)代入式(2-14)，得

$$u_i(x) = \frac{1}{8\pi(1-\upsilon)}[\Psi_{jl,jli} - 2\upsilon\Phi_{mm,i} - 4(1-\upsilon)\Phi_{il,l}] \tag{2-15}$$

式中，$\Psi_{ij}(x) = \varepsilon_{ij}^*\int_\Omega|x-x'|\mathrm{d}x'$，$\Phi_{ij}(x) = \varepsilon_{ij}^*\int_\Omega\dfrac{1}{|x-x'|}\mathrm{d}x'$。

由式(2-15)得相应的应变场为

$$\varepsilon_{ij}(x) = \frac{1}{8\pi(1-\upsilon)}[\Psi_{kl,klij} - 2\upsilon\Phi_{kk,ij} - 2(1-\upsilon)(\Phi_{ik,kl} + \Phi_{jk,ki})] \tag{2-16}$$

或者

$$\varepsilon_{ij}(x) = D_{ijkl}(x)\varepsilon_{kl}^*$$

式中，

$$8\pi(1-\upsilon)D_{ijkl}(x) = \psi_{,klij} - 2\upsilon\delta_{kl}\phi_{,ij} - (1-\upsilon)(\phi_{,kj}\delta_{il} + \phi_{,ki}\delta_{jl} + \phi_{,lj}\delta_{ik} + \phi_{,li}\delta_{jk}) \tag{2-17}$$

其中，$\psi(x) = \int_\Omega|x-x'|\mathrm{d}x'$；$\phi(x) = \int_\Omega\dfrac{1}{|x-x'|}\mathrm{d}x'$。

利用下面的椭圆积分代入 ϕ 和 ψ 的计算式：

$$I(\lambda) = 2\pi a_1 a_2 a_3 \int_\lambda^\infty \frac{\mathrm{d}s}{\Delta(S)}$$

$$I_i(\lambda) = 2\pi a_1 a_2 a_3 \int_\lambda^\infty \frac{\mathrm{d}s}{(a_i^2 + s)\Delta(S)}$$

$$I_{ij}(\lambda) = 2\pi a_1 a_2 a_3 \int_\lambda^\infty \frac{\mathrm{d}s}{(a_i^2 + s)(a_j^2 + s)\Delta(S)}$$

式中，$\Delta(S) = [(a_1^2 + s) + (a_2^2 + s) + (a_3^2 + s)]^{1/2}$。

λ 是下面方程的最大正根：

$$\frac{x_1^2}{(a_1^2 + \lambda)} + \frac{x_2^2}{(a_2^2 + \lambda)} + \frac{x_3^2}{(a_3^2 + \lambda)} = 1$$

对于夹杂物内部的点，$\lambda = 0$。

Eshelby 基于以上椭圆积分最终推出了 D_{ijkl} 和 S_{ijkl} 两个张量间的关系式：

$$\begin{aligned}
8\pi(1-\upsilon)D_{ijkl}(x) = {} & 8\pi(1-\upsilon)S_{ijkl}(\lambda) + 2\upsilon\delta_{kl}x_i I_{I,j}(\lambda) \\
& + (1-\upsilon)[\delta_{il}x_k I_{K,j}(\lambda) + \delta_{jl}x_k I_{K,i}(\lambda) + \delta_{ik}x_l I_{L,j}(\lambda) + \delta_{jk}x_l I_{L,i}(\lambda)] \\
& - \delta_{ij}x_k[I_K(\lambda) - a_I^2 I_{KI}(\lambda)]_{,l} - (\delta_{ik}x_j + \delta_{jk}x_i)[I_J(\lambda) - a_I^2 I_{IJ}(\lambda)]_{,l} \\
& - (\delta_{il}x_j + \delta_{jl}x_i)[I_J(\lambda) - a_I^2 I_{IJ}(\lambda)]_{,k} - x_i x_j[I_J(\lambda) - a_I^2 I_{IJ}(\lambda)]_{,lk}
\end{aligned} \tag{2-18}$$

式中，

$$\begin{aligned}
8\pi(1-\upsilon)S_{ijkl}(\lambda) = {} & \delta_{ij}\delta_{kl}[2\upsilon I_I(\lambda) - I_K(\lambda) + a_I^2 I_{KI}(\lambda)] \\
& + (\delta_{ik}\delta_{jl} + \delta_{jk}\delta_{il})\{a_I^2 I_{IJ}(\lambda) - I_J(\lambda) + (1-\upsilon)[I_K(\lambda) + I_L(\lambda)]\}
\end{aligned} \tag{2-19}$$

上述结果对椭圆夹杂物内部点和外部点都成立。只是对于夹杂物内部点，$\lambda = 0$ 并且椭圆积分的各阶导数都为零，此时 $D_{ijkl} = S_{ijkl}(0)$。

3. 弹性模量与基体弹性模量不同的非均匀性椭球夹杂物——等效夹杂物方法

孔洞、裂纹、沉淀物、复合材料中的增强相等都属于与基体介质不同的非均匀体，一般情况下，由于材料性能的差异，这些非均匀体中都存在错配应变、相变应变等本征应变。

1957 年，Eshelby 首先指出由非均匀体的存在而引起的对外加应力场的干扰可以用均匀性夹杂物产生的本征应变来模拟。这样非均匀性夹杂物问题的求解就转化成了对等效均匀夹杂物问题的求解。这种等效处理方法也就称为等效夹杂物方法。据此，也就有了处理非均匀介质中夹杂物问题的兼容手段。

假设在一个弹性模量为 C_{ijkl} 的无限大弹性体中含有一个弹性模量为 C_{ijkl}^* 的椭球夹杂 Ω，外加应力和相应的应变分别为 σ_{ij}^0 和 $\varepsilon_{ij}^0 = \frac{1}{2}(u_{i,j}^0 + u_{j,i}^0)$，非均匀性夹杂物引起的应力干扰和位移干扰分别为 σ_{ij} 和 u_i。

由胡克定律可得夹杂物内外的应力分别为

$$\sigma_{ij}^0 + \sigma_{ij} = C_{ijkl}^*(\varepsilon_{kl}^0 + \varepsilon_{kl})，\quad 在\,\Omega\,内$$

$$\sigma_{ij}^0 + \sigma_{ij} = C_{ijkl}(\varepsilon_{kl}^0 + \varepsilon_{kl})，\quad 在\,D\text{-}\Omega\,内 \tag{2-20}$$

现在用弹性模量为 C_{ijkl} 的均匀性夹杂物引起的本征应变 ε_{ijkl}^* 来模拟非均匀性夹杂物对外加应力场的干扰，则式(2-20)可改写为

$$\sigma_{ij}^0 + \sigma_{ij} = C_{ijkl}(\varepsilon_{kl}^0 + \varepsilon_{kl} - \varepsilon_{kl}^*)，\quad 在\,\Omega\,内$$

$$\sigma_{ij}^0 + \sigma_{ij} = C_{ijkl}(\varepsilon_{kl}^0 + \varepsilon_{kl})，\quad 在\,D\text{-}\Omega\,内 \tag{2-21}$$

显然，这两个均匀性夹杂物和非均匀性夹杂物问题等效的充要条件是

$$C_{ijkl}^*(\varepsilon_{kl}^0 + \varepsilon_{kl}) = C_{ijkl}(\varepsilon_{kl}^0 + \varepsilon_{kl} - \varepsilon_{kl}^*)，\quad 在\,\Omega\,内 \tag{2-22}$$

可见，当非均匀性材料中的本征应变求出后，式(2-22)中非均匀性夹杂物引起的应变干扰 ε_{kl} 也就可以作为本征应变 ε_{kl}^* 的已知函数获得。

如果外加应力场是均匀的，本征应变也是均匀的，则

$$\varepsilon_{kl} = S_{klmn}\varepsilon_{mn}^{*}$$

$$C_{ijkl}^{*}(\varepsilon_{kl}^{0} + S_{klmm}\varepsilon_{mn}) = C_{ijkl}(\varepsilon_{kl}^{0} + S_{klmn}\varepsilon_{mn}^{*} - \varepsilon_{kl}^{*}) \tag{2-23}$$

ε_{kl}^{*} 的 6 个未知量可由方程(2-23)确定，因此，非均匀体内外部的应力应变场可分别表示为

$$\varepsilon_{ij}(\mathrm{in}) = \varepsilon_{ijl}^{0} + S_{ijkl}\varepsilon_{kln}^{*}$$

$$\sigma_{ij}(\mathrm{in}) = C_{ijkl}^{*}(\varepsilon_{kl}^{0} + S_{klmn}\varepsilon_{mn}^{*})$$

$$\varepsilon_{ij}(\mathrm{out}) = \varepsilon_{ij}^{0} + D_{ijkl}(x)\varepsilon_{kln}^{*}$$

$$\sigma_{ij}(\mathrm{out}) = C_{ijkl}[\varepsilon_{kl}^{0} + D_{klmn}(x)\varepsilon_{mn}^{*}]$$

如果一个非均匀体自身就含有本征应变 ε_{ij}^{p}，则此时应力干扰 σ_{ij} 由两部分合成，一部分由非均匀体引起，另一部分由与同性夹杂物中的本征应变 ε_{ij}^{p} 相关的本征应力引起。因此，非均匀性夹杂物与等效夹杂物间的等效方程变为

$$C_{ijkl}^{*}(\varepsilon_{kl}^{0} + \varepsilon_{kl} - \varepsilon_{kl}^{p}) = C_{ijkl}(\varepsilon_{kl}^{0} + \varepsilon_{kl} - \varepsilon_{kl}^{p} - \varepsilon_{kl}^{*})，\text{在}\varOmega\text{内} \tag{2-24}$$

如果外加应力 σ_{ij}^{0} 是均匀的，而且非均匀体自身就含有的本征应变 ε_{ij}^{p} 是均匀的，那么，

$$\varepsilon_{kl} = S_{klmn}(\varepsilon_{mn}^{p} + \varepsilon_{mn}^{*}) = S_{klmn}\varepsilon_{mn}^{**}$$

$$\sigma_{ij}^{0} + \sigma_{ij} = C_{ijkl}^{*}(\varepsilon_{kl}^{0} + S_{klmn}\varepsilon_{mn}^{**} - \varepsilon_{kl}^{p}) \tag{2-25}$$

$$= C_{ijkl}(\varepsilon_{kl}^{0} + S_{klmn}\varepsilon_{mn}^{**} - \varepsilon_{kl}^{**})$$

叠加应变 ε_{ij}^{**} 可以由方程(2-25)确定，因此，非均匀性夹杂物内外部的应力应变场也就可以由下列方程求解：

$$\varepsilon_{ij}(\mathrm{in}) = \varepsilon_{ijl}^{0} + S_{ijkl}\varepsilon_{kln}^{*} - \varepsilon_{mn}^{**}$$

$$\sigma_{ij}(\mathrm{in}) = C_{ijkl}(\varepsilon_{kl}^{0} + S_{klmn}\varepsilon_{mn}^{*} - \varepsilon_{mn}^{**})$$

$$\varepsilon_{ij}(\mathrm{out}) = \varepsilon_{ijl}^{0} + D_{ijkl}(x)\varepsilon_{kln}^{*}$$

$$\sigma_{ij}(\mathrm{out}) = C_{ijkl}[\varepsilon_{kl}^{0} + D_{klmn}(x)\varepsilon_{mn}^{*}]$$

2.2　Moschovidis 数值方法

Eshelby 已经提出并解决了含有常量弹性变形的椭球夹杂物问题。他对这一问题的解是基于质量密度等于给定的非弹性应变的调和势函数和双调和势函数获得的。

Moschovidis 研究了运用等效夹杂物方法获得单个或两个夹杂物以及任意形状的承受内压力孔洞数值解的可能性。他曾经运用这一方法分析了无限大均匀介质(基体)中的两个

非均匀体。在分析中，应用 Sendeckj 提出的应变表达式，将基体所受到的外加应变用位置坐标 x_i 的 M 阶多项式形式表示，并编写了相应的计算机程序，计算了两个各向同性椭球异性体内外部的应力应变场。理论上，这种方法也可以用于两个以上的任意形状异性体。此外，Moschovidis 还利用等效夹杂物方法研究了内部承受指定内应力(仍以位置坐标 x_i 的多项式形式表示)的夹杂物问题。

2.2.1　椭球夹杂物本征应变的多项式描述

与式(2-14)对应的应力方程为

$$\sigma_{ij}(x) = -C_{ijkl}\left[\iiint\limits_{\Omega} C_{pqmn}\varepsilon_{mn}^*(x)G_{ij,l}(x,x')\mathrm{d}x' + \begin{cases} \varepsilon_{mn}^*(x) & x在\Omega内 \\ 0 & x在D-\Omega内 \end{cases} \right] \tag{2-26}$$

当基体是各向同性介质时，其弹性常数张量可表示为

$$C_{ijkl} = \mu\left(\frac{2\upsilon}{1-2\upsilon}\delta_{ij}\delta_{kl} + \delta_{ik}\delta_{jl} + \delta_{il}\delta_{jk} \right)$$

将夹杂物 Ω 内的本征应变 $\varepsilon_{ij}^*(x)$ 表示为

$$\varepsilon_{ij}^*(x) = D_{ijkl}(x)B_{kl} + D_{ijklq}(x)B_{klq} + D_{ijklqr}(x)B_{klqr} + \cdots \tag{2-27}$$

式中，$B_{ij}, B_{ijk}, \cdots$ 是相对于自由指标 i, j 对称的常量，并且其大小与求和指标的阶次无关。

这样调和势函数和双调和势函数也可以用多项式表示为

$$\Psi_{ij} = B_{ij}\psi + B_{ijk}\psi_k + B_{ijkl}\psi_{kl} + \cdots \tag{2-28}$$

$$\Phi_{ij} = B_{ij}\phi + B_{ijk}\phi_k + B_{ijkl}\phi_{kl} + \cdots \tag{2-29}$$

然后将式(2-28)和式(2-29)代入式(2-16)，可得

$$\varepsilon_{ij}(x) = D_{ijkl}(x)B_{kl} + D_{ijklq}(x)B_{klq} + D_{ijklqr}(x)B_{klqr} + \cdots \tag{2-30}$$

式中，

$$8\pi(1-\upsilon)D_{ijklq}(x) = \psi_{q,klij} - 2\upsilon\delta_{kl}\phi_{q,ij} - (1-\upsilon)(\phi_{,kj}\delta_{il} + \phi_{,ki}\delta_{jl} + \phi_{,lj}\delta_{ik} + \phi_{,li}\delta_{jk}) \tag{2-31}$$

其中，$D_{ijkl}(x)$ 见式(2-17)；式(2-30)中 $D_{ijklqr}(x)$ 可分别用 ψ_{qr} 和 ϕ_{qr} 代替式(2-31)中的 ψ_q 和 ϕ_q 获得。D 张量是相对于 i, j 和 k, l 对称的张量。

由于在均匀性椭球夹杂物的内部，$\lambda = 0$，而 $I, I_i, I_{ij}, \cdots$ 为常量，Eshelby 已经证明 $D_{ijkl}(x)\ (= S_{ijkl}(0))$ 在椭球夹杂物内部也是常量。

Sendeckj 后来给出了一个更为普遍的结论：当本征应变用位置坐标 x_i 的 n 阶齐次多项式(homogeneous polynomial)表示时，各向均匀椭球夹杂物内部的应变是位置坐标 x_i 的非齐次多项式，其各项的阶次分别为 $n, (n-2), (n-4), \cdots$，因此，在椭球夹杂物内，$D_{ijklq}(x) = D_{ijklq,m}x_m$，$D_{ijklqr}(x) = \frac{1}{2}D_{ijklqr,mn}x_mx_n + \bar{\bar{D}}_{ijklqr}$，等等，其中，$D_{ijklq,m}$ 和 $D_{ijklqr,mn}$ 均为常数。这一结论对各向异性的椭球夹杂物也同样成立。

Moschovidis 还给出了 ϕ 和 ψ 的各阶导数，以及计算 D_{ijkl}、S_{ijkl}、D_{iljkn}、$\overline{D}_{ilmjkn}$ 的公式。

2.2.2 等效方程和应变场

单个非均匀体的等效方程可以改写为

$$\Delta C_{ijkl}\varepsilon_{kl}(x) - C_{ijkl}\varepsilon_{kl}^*(x) = -\Delta C_{ijkl}\varepsilon_{kl}^0, \quad x \text{ 在 } \Omega \text{ 内} \tag{2-32}$$

式中，$\Lambda C_{ijkl} = C_{ijkl} - C_{ijkl}^*$，$C_{ijkl}$ 和 C_{ijkl}^* 分别为基体和夹杂物的弹性模量张量。

将外加场表示为

$$\varepsilon_{ij}^0(x) = E_{ij} + E_{ijk}x_k + E_{ijkl}x_k x_l + \cdots \tag{2-33}$$

式中，$E_{ij}, E_{ijk}, E_{ijkl}, \cdots$ 均为常数。

为满足等效方程(2-32)，将本征应变 $\varepsilon_{ij}^*(x)$ 按式(2-27)表示。这样，按式(2-30)展开的应变场 $\varepsilon_{ij}(x)$ 也要用坐标 x_i 的多项式形式表示。为此，可将 $\varepsilon_{ij}(x)$ 展开为坐标原点的泰勒级数，即

$$\varepsilon_{mn}[P] = \varepsilon_{mn}[0] + \varepsilon_{mn,p}[0]x_p^P + \frac{1}{2}\varepsilon_{mn,pq}[0]x_p^P x_q^P + \cdots \tag{2-34}$$

式中，$\varepsilon_{mn}[P], \varepsilon_{mn,p}[P], \cdots$ 是指对坐标为 x_p^P 的 P 点的各阶应变分量值。将式(2-30)代入式(2-34)，可得

$$\begin{aligned}\varepsilon_n[P] = &D_{mnij}[0]B_{ij} + D_{mnijk}[0]B_{ijk} + D_{mnijkl}[0]B_{ijkl} + \cdots \\ &+ [D_{mnij,p}[0]B_{ij} + D_{mnijk,p}[0]B_{ijk} + D_{mnijkl,p}[0]B_{ijkl} + \cdots]x_p^P \\ &+ \frac{1}{2!}[D_{mnij,pq}[0]B_{ij} + D_{mnijk,pq}[0]B_{ijk} + D_{mnijkl,pq}[0]B_{ijkl} + \cdots]x_p^P x_q^P + \cdots\end{aligned} \tag{2-35}$$

将式(2-33)、式(2-35)和式(2-27)代入式(2-32)，并且令式(2-32)两边的各阶系数 $1, x_p^P, x_q^P, \cdots$ 相等，由此得

$$\begin{cases}\Delta C_{stmn}[D_{mnij}[0]B_{ij} + D_{mnijk}[0]B_{ijk} + D_{mnijkl}[0]B_{ijkl} + \cdots] - C_{stmn}B_{mn} = -\Delta C_{stmn}E_{mn} \\ \Delta C_{stmn}[D_{mnij,p}[0]B_{ij} + D_{mnijk,p}[0]B_{ijk} + D_{mnijkl,p}[0]B_{ijkl} + \cdots] - C_{stmn}B_{mnp} = -\Delta C_{stmn}E_{mnp} \\ \frac{1}{2!}\Delta C_{stmn}[D_{mnij,pq}[0]B_{ij} + D_{mnijk,pq}[0]B_{ijk} + D_{mnijkl,pq}[0]B_{ijkl} + \cdots] - C_{stmn}B_{mnpq} = -\Delta C_{stmn}E_{mnpq}\end{cases} \tag{2-36}$$

上述方程组是在假设基体为各向同性材料的基础上推导出来的，这与非均匀体是各向同性还是各向异性无关。当外加载荷用有限阶次的多项式表示时，只要方程数量足够，那么对任意形状的非均匀体都可能近似地求解上述代数方程中的未知量 $B_{ij}, B_{ijk}, \cdots$。

要强调的是，如果非均匀体是椭球并且椭球的半轴与坐标轴重合，那么方程组(2-36)就可以精确求解。

理论上，等效夹杂物方法可用于解决任意形状和任意数量的夹杂物问题。但到目前为止,该方法主要是用来解决一系列无限大各向同性介质中含有椭球非均匀体的夹杂物问题。此外，对于单个椭球夹杂物，该方法给出的是精确解，对于其他情形则只能给出近似解。

Moschovidis 将自己编写的程序用于分析三向拉伸和单向拉伸作用下两个球形孔洞的应力分布及相互作用情况。无论将本征应变用零阶还是用一阶多项式表示,程序计算的近似结果都与 Sternberg 和 Sadowsky 的精确解非常吻合。此外,计算结果显示当两个孔洞间的距离超过孔洞最大半轴的 4 倍时,孔洞间的相互影响可忽略不计;而对于两个相同的椭球孔洞来说,当孔洞距离小于最大半轴的 2.5 倍时,孔洞间的干扰就非常明显。

2.3 Eshelby 方法与 Moschovidis 方法的比较

Eshelby 主要研究的是在均匀外载荷作用下无限大各向同性介质中,三个半轴各不相同的单个椭球夹杂物内外部的弹性场。他提出的等效夹杂物方法成为解决椭球夹杂物弹性场的有效手段,也为后来复合材料宏观有效性能的计算分析提供了重要的理论基础。

Moschovidis 考虑了两个夹杂物间的相互影响,并计算两个椭球夹杂物的弹性场。在 Moschovidis 方法中,本征应变、外加场和诱导应变都是用坐标多项式的形式来表示的,用于数值计算的各类导数都是针对椭球形夹杂物给出的。Eshelby 针对含有常量的非弹性应变椭球夹杂物问题建立的理论和相关的求解,是在假设质量密度等于给定的非弹性应变的基础上,利用调和势和双调和势函数进行的。

2.4 多个非均匀性夹杂物等效方程

在各夹杂物中心处建立 $ox_1x_2x_3$、$\overline{o}\,\overline{x}_1\overline{x}_2\overline{x}_3$ 和 $\overline{\overline{o}}\,\overline{\overline{x}}_1\overline{\overline{x}}_2\overline{\overline{x}}_3$ 等坐标系,它们分别称为老坐标系和新坐标系。P 点在坐标系中的坐标也就分别表示为 x_i^P、$\overline{x}_i^P$、$\overline{\overline{x}}_i^P$ 等。

用式(2-33)表示外加载荷场,各夹杂物的等效本征应变 $\varepsilon_{ij}^{\mathrm{I}}(x)$、$\varepsilon_{ij}^{\mathrm{II}}(x)$、$\varepsilon_{ij}^{\mathrm{III}}(x)$ 等分别表示为

$$
\begin{aligned}
&\varepsilon_{ij}^{\mathrm{I}}(x) = B_{ij}^{\mathrm{I}} + B_{ijk}^{\mathrm{I}}x_k + B_{ijkl}^{\mathrm{I}}x_kx_l + \cdots \\
&\overline{\varepsilon}_{ij}^{\mathrm{II}}(\overline{x}) = B_{ij}^{\mathrm{II}} + B_{ijk}^{\mathrm{II}}\overline{x}_k + B_{ijkl}^{\mathrm{II}}\overline{x}_k\overline{x}_l + \cdots \\
&\overline{\overline{\varepsilon}}_{ij}^{\mathrm{III}}(\overline{\overline{x}}) = B_{ij}^{\mathrm{III}} + B_{ijk}^{\mathrm{III}}\overline{\overline{x}}_k + B_{ijkl}^{\mathrm{III}}\overline{\overline{x}}_k\overline{\overline{x}}_l + \cdots \\
&\cdots
\end{aligned}
\tag{2-37}
$$

设坐标转换矩阵为 a_{ij},则新坐标系与老坐标系间的坐标关系为

$$
\begin{cases}
x_i^P = x_i^{\overline{0}} + a_{ij}\overline{x}_j^P \\
\overline{x}_i^P = (x_j^P - x_j^{\overline{0}})a_{ji}
\end{cases}
$$

相对于新坐标而言,外加载荷场可以表达为

$$
\begin{aligned}
&\overline{\varepsilon}_{ij}^0(x) = \overline{E}_{ij} + \overline{E}_{ijk}\overline{x}_k + \overline{E}_{ijkl}\overline{x}_k\overline{x}_l + \cdots \\
&\overline{\overline{\varepsilon}}_{ij}^0(x) = \overline{\overline{E}}_{ij} + \overline{\overline{E}}_{ijk}\overline{\overline{x}}_k + \overline{\overline{E}}_{ijkl}\overline{\overline{x}}_k\overline{\overline{x}}_l + \cdots \\
&\cdots
\end{aligned}
\tag{2-38}
$$

式(2-38)中的多项式与式(2-33)的多项式是同阶次的,所以

$$\overline{E}_{mn} = a_{cm}a_{hn}(E_{ch} + E_{chf}x_f^{\overline{0}} + E_{chfg}x_f^{\overline{0}}x_g^{\overline{0}} + \cdots)$$

$$\overline{E}_{mnp} = a_{cm}a_{hn}\left[E_{chf}a_{fp} + (E_{chfg}a_{fp}x_g^{\overline{0}} + E_{chfg}a_{gp}x_f^{\overline{0}}) + \cdots\right]$$

$$\overline{E}_{mnpq} = a_{cm}a_{hn}(E_{chfg}a_{fp}a_{gq} + \cdots) \tag{2-39}$$

$$\overline{\overline{E}}_{mn} = a_{cm}a_{hn}(E_{ch} + E_{chf}x_f^{\overline{\overline{0}}} + E_{chfg}x_f^{\overline{\overline{0}}}x_g^{\overline{\overline{0}}} + \cdots)$$

$$\cdots$$

应变场也就可以表示为

$$\varepsilon_{ij}[P] = \varepsilon_{ij}^{\mathrm{I}}[P] + \varepsilon_{ij}^{\mathrm{II}}[P] + \varepsilon_{ij}^{\mathrm{III}}[P] + \cdots \tag{2-40}$$

式中，$\varepsilon_{ij}[P]$ 为 P 点的应变。

由式(2-30)，可得

$$\varepsilon_{ij}^{\mathrm{I}}(x^P) = D_{ijkl}^{\mathrm{I}}(x^P)B_{kl}^{\mathrm{I}} + D_{ijklq}^{\mathrm{I}}(x^P)B_{klq}^{\mathrm{I}} + D_{ijklqr}^{\mathrm{I}}(x^P)B_{klqr}^{\mathrm{I}} + \cdots$$

$$\varepsilon_{ij}^{\mathrm{II}}(\overline{x}^P) = D_{ijkl}^{\mathrm{II}}(\overline{x}^P)B_{kl}^{\mathrm{II}} + D_{ijklq}^{\mathrm{II}}(\overline{x}^P)B_{klq}^{\mathrm{II}} + D_{ijklqr}^{\mathrm{II}}(\overline{x}^P)B_{klqr}^{\mathrm{II}} + \cdots \tag{2-41}$$

$$\varepsilon_{ij}^{\mathrm{III}}(\overline{\overline{x}}^P) = D_{ijkl}^{\mathrm{III}}(\overline{\overline{x}}^P)B_{kl}^{\mathrm{III}} + D_{ijklq}^{\mathrm{III}}(\overline{\overline{x}}^P)B_{klq}^{\mathrm{III}} + D_{ijklqr}^{\mathrm{III}}(\overline{\overline{x}}^P)B_{klqr}^{\mathrm{III}} + \cdots$$

$$\cdots$$

考虑夹杂物间的相互影响，在老坐标中的第一个夹杂物和在新坐标中的其他夹杂物的等效方程(2-32)可分别按老坐标和新坐标表达为

$$\Delta C_{ijkl}^{\mathrm{I}}[\varepsilon_{kl}^{\mathrm{I}}(x^P) + \varepsilon_{kl}^{\mathrm{II}}(x^P) + \varepsilon_{kl}^{\mathrm{III}}(x^P)] - C_{ijkl}\varepsilon_{kl}^{\mathrm{I}}(x^P) = -\Delta C_{ijkl}^{\mathrm{I}}\varepsilon_{kl}^0(x^P)，\ P\text{ 在 }\Omega_1\text{ 内} \tag{2-42}$$

$$\Delta C_{ijkl}^{\mathrm{II}}[\overline{\varepsilon}_{kl}^{\mathrm{I}}(\overline{x}^P) + \overline{\varepsilon}_{kl}^{\mathrm{II}}(\overline{x}^P) + \overline{\varepsilon}_{kl}^{\mathrm{III}}(\overline{x}^P)] - C_{ijkl}\overline{\varepsilon}_{kl}^{\mathrm{II}}(\overline{x}^P) = -\Delta C_{ijkl}^{\mathrm{II}}\overline{\varepsilon}_{kl}^0(\overline{x}^P)，\ P\text{ 在 }\Omega_{\mathrm{II}}\text{ 内} \tag{2-43}$$

$$\Delta C_{ijkl}^{\mathrm{III}}[\overline{\overline{\varepsilon}}_{kl}^{\mathrm{I}}(\overline{\overline{x}}^P) + \overline{\overline{\varepsilon}}_{kl}^{\mathrm{II}}(\overline{\overline{x}}^P) + \overline{\overline{\varepsilon}}_{kl}^{\mathrm{III}}(\overline{\overline{x}}^P)] - C_{ijkl}\overline{\overline{\varepsilon}}_{kl}^{\mathrm{III}}(\overline{\overline{x}}^P) = -\Delta C_{ijkl}^{\mathrm{III}}\overline{\overline{\varepsilon}}_{kl}^0(\overline{\overline{x}}^P)，\ P\text{ 在 }\Omega_{\mathrm{III}}\text{ 内} \tag{2-44}$$

要注意的是，对于多个夹杂物来说，Ω_1 内部的点是 Ω_2 外部的点，而 Ω_1 中的应力会受到 Ω_2 的干扰。另外，每个夹杂物都有一个坐标系，因此，在计算中要进行坐标变换并考虑夹杂物间的相互影响。即使外加应变场 ε_{kl}^0 是均匀的，诱导应变场 ε_{kl} 也是不均匀的。与单个夹杂物的情况不同，在多夹杂物问题中，夹杂物内部的应力应变场不再是均匀的。

现考虑三个非均匀性夹杂物的半轴与三个坐标系的坐标轴重合的椭球体的情形，并建立其等效方程的代数方程组。根据式(2-31)后面的讨论，对于第 I 个夹杂物 Ω_1 的内部点，有 $D_{mnijk}^{\mathrm{I}}[0] = 0, \dfrac{\partial}{\partial x_p}D_{mnij}^{\mathrm{I}}[0] = 0$。式(2-42)中左右两边幂级数的系数相等，因此，以两个夹杂物时第 II 个和第 III 个夹杂物对第 I 个夹杂物的影响为例，在第 I 个夹杂物 Ω_1 的内部：

$$\Delta C_{stmn}^{\mathrm{I}}\left\{ \left[D_{mnij}^{\mathrm{I}}[0]B_{ij}^{\mathrm{I}} + D_{mnijkl}^{\mathrm{I}}[0]B_{ijkl}^{\mathrm{I}} + \cdots\right] + a_{mc}a_{nh}[D_{chij}^{\mathrm{I}}[0]B_{ij}^{\mathrm{II}} + D_{chijk}^{\mathrm{II}}[0]B_{ijk}^{\mathrm{II}}\right.$$

$$+ D_{chijkl}^{\mathrm{II}}[0]B_{ijkl}^{\mathrm{II}} + \cdots] + a_{md}a_{nu}[D_{duij}^{\mathrm{III}}[0]B_{ij}^{\mathrm{III}} + D_{duijk}^{\mathrm{III}}[0]B_{ijk}^{\mathrm{III}} + D_{duijkl}^{\mathrm{III}}[0]B_{ijkl}^{\mathrm{III}} + \cdots]\Big\}$$

$$- C_{stmn}B_{mn}^{\mathrm{I}} = -\Delta C_{stmn}^{\mathrm{I}}E_{mn}$$

$$\Delta C_{stmn}^{\mathrm{I}}\left\{\left[\frac{\partial}{\partial x_p}D_{mnijk}^{\mathrm{I}}[0]B_{ijk}^{\mathrm{I}}+\frac{\partial}{\partial x_p}D_{mnijkl}^{\mathrm{I}}[0]B_{ijkl}^{\mathrm{I}}+\cdots\right]+a_{mc}a_{nh}a_{pf}\left[\frac{\partial}{\partial \overline{x}_f}D_{chij}^{\mathrm{II}}[0]B_{ij}^{\mathrm{II}}\right.\right.$$

$$\left.+\frac{\partial}{\partial \overline{x}_f}D_{chijk}^{\mathrm{II}}[0]B_{ijk}^{\mathrm{II}}+\frac{\partial}{\partial \overline{x}_f}D_{chijkl}^{\mathrm{II}}[0]B_{ijkl}^{\mathrm{II}}+\cdots\right]+a_{md}a_{nu}a_{st}\left[\frac{\partial}{\partial \overline{\overline{x}}_t}D_{duij}^{\mathrm{III}}[0]B_{ij}^{\mathrm{III}}+\right.$$

$$\left.\left.\frac{\partial}{\partial \overline{\overline{x}}_t}D_{duijk}^{\mathrm{III}}[0]B_{ijk}^{\mathrm{III}}+\frac{\partial}{\partial \overline{\overline{x}}_t}D_{duijkl}^{\mathrm{III}}[0]B_{ijkl}^{\mathrm{III}}+\cdots\right]\right\}-C_{stmn}B_{mnp}^{\mathrm{I}}=-\Delta C_{stmn}^{\mathrm{I}}E_{mnp}$$

$$\frac{1}{2!}\Delta C_{stmn}^{\mathrm{I}}\left\{\left[\frac{\partial^2}{\partial x_p x_q}D_{mnijkl}^{\mathrm{I}}[0]B_{ijkl}^{\mathrm{I}}+\cdots\right]+a_{mc}a_{nh}a_{pf}a_{qg}\left[\frac{\partial^2}{\partial \overline{x}_f\partial \overline{x}_g}D_{chij}^{\mathrm{II}}[0]B_{ij}^{\mathrm{II}}+\right.\right.$$

$$\left.\frac{\partial^2}{\partial \overline{x}_f\partial \overline{x}_g}D_{chijk}^{\mathrm{II}}[0]B_{ijk}^{\mathrm{II}}+\frac{\partial^2}{\partial \overline{x}_f\partial \overline{x}_g}D_{chijkl}^{\mathrm{II}}[0]B_{ijkl}^{\mathrm{II}}+\cdots\right]+a_{md}a_{nu}a_{st}a_{rq}\left[\frac{\partial^2}{\partial \overline{\overline{x}}_t\partial \overline{\overline{x}}_q}D_{duij}^{\mathrm{III}}[0]B_{ij}^{\mathrm{III}}+\right. \quad (2\text{-}45)$$

$$\left.\left.\frac{\partial^2}{\partial \overline{\overline{x}}_t\partial \overline{\overline{x}}_q}D_{duijk}^{\mathrm{III}}[0]B_{ijk}^{\mathrm{III}}+\frac{\partial^2}{\partial \overline{\overline{x}}_t\partial \overline{\overline{x}}_q}D_{duijkl}^{\mathrm{III}}[0]B_{ijkl}^{\mathrm{III}}+\cdots\right]\right\}-C_{stmn}B_{mnpq}^{\mathrm{I}}=-\Delta C_{stmn}^{\mathrm{I}}E_{mnpq}$$

$$\cdots$$

式中，$\Delta C_{ijkl}^{\mathrm{I}}=C_{ijkl}-C_{ijkl}^{\mathrm{I}}$。

对于第 II 个和第 III 个夹杂物也可以得到相似的方程组。

2.5　本章小结

本章概要介绍了 Eshelby 等效夹杂物方法的主要内容和结论，以及 Moschovidis 的数值处理方法、应用条件和主要研究的问题。在此基础上，参考 Moschovidis 方法，将本征应变、外加载荷和由它们引起的应变场用坐标的多项式表示。以无限大体中的三个夹杂物为例，运用叠加原理，建立了三个夹杂物问题的等效方程，利用泰勒级数将等效方程展开，使等效方程转换为用于求解应变场待求系数的代数方程组。将描述位移场的位势函数及其导数用可以直接进行计算的显性椭圆积分(I 积分)表示，以实现等效夹杂物方法的数值化计算。

第3章　多夹杂物数值计算

理论上，等效夹杂物方法可用于解决任意形状和任意数量的夹杂物问题。然而要获得夹杂物问题的解析解却是十分烦琐和困难的。到目前为止，该方法主要用来解决一系列无限大各向同性介质中含有椭球非均匀体的夹杂物问题，而且对于单个椭球夹杂物，该方法给出的是精确解，对于其他情形则只能给出近似解。

本章基于 Eshelby 等效夹杂物方法，利用 Moschovidis 数值处理技巧，将本征应变、外加场和诱导应变都用坐标多项式的形式来表示，针对球形、椭球形夹杂物给出的用于数值计算的各类导数，采用 Object Pascal 语言编制能在考虑多个夹杂物相互响应的情况下材料应力应变场的数值计算程序。同时考虑到程序的可移植性和完整性，对所有公式均编写相应的过程和函数，整个程序包括一个主程序和由 168 个过程和函数组成的 12 个子程序，并在 Delphi 7.0 中运行。程序计算结果显示，对于某一方向的应力，可由 Delphi 7.0 直接绘图，对于某一平面的应力，则用 MATLAB 6.5 进行绘图。

3.1　多夹杂物数值计算程序

3.1.1　主程序基本步骤

(1)读入数据文件，文件中包含：①初始数据，即基体性能文件(文件名后缀为.m)、夹杂物数量、每个夹杂物性能文件(文件名后缀为.inc)、类型、尺寸、坐标系统、各夹杂物的坐标与方位、本征应变计算阶次(0、1、2)、外载荷文件；②输出格式，即扫描平面、扫描范围、扫描点数(扫描间隔)；③建立后缀为.res 的计算结果存储文件。

(2)输入数据的处理。

(3)形成代数方程组(2-45)。

(4)求解代数方程组(2-45)。

(5)沿扫描平面计算椭球夹杂物外部的应力(或应变)场。

(6)输出(确定存储计算结果的文件名和路径)。

3.1.2　主程序中的张量处理

下面是主程序(Multi_inc)在建立代数方程组(2-45)时采用的一些关系和定义。

Kronecker (三角)张量矩阵和材料弹性张量矩阵分别为

$$\delta_{ij}=\begin{bmatrix}1&0&0&0&0&0\\0&1&0&0&0&0\\0&0&1&0&0&0\\0&0&0&1&0&0\\0&0&0&0&1&0\\0&0&0&0&0&1\end{bmatrix},\quad C_{ijkl}=\begin{bmatrix}\lambda+2\mu&\lambda&\lambda&0&0&0\\\lambda&\lambda+2\mu&\lambda&0&0&0\\\lambda&\lambda&\lambda+2\mu&0&0&0\\0&0&0&\mu&0&0\\0&0&0&0&\mu&0\\0&0&0&0&0&\mu\end{bmatrix} \tag{3-1}$$

许多变量都是 2～6 阶的张量，而在程序中它们都处理为向量，因此，必须定义相对于"总指标"的实数多维指标以确定矢量单元的位置。例如，应力 σ_{ij} 就是根据其"总指标"存储于用一维数列表示的单元中，如表 3-1、表 3-2 和表 3-3 所示。

类似地，5 阶($ijklm$)和 6 阶($ijklmn$)张量将分别存储在 108 个单元和 216 个单元中。

$$\sigma_{ij} = \begin{bmatrix} \sigma_{11} & \sigma_{12} & \sigma_{13} \\ \sigma_{21} & \sigma_{22} & \sigma_{23} \\ \sigma_{31} & \sigma_{32} & \sigma_{33} \end{bmatrix} = \begin{bmatrix} \sigma_1 & \sigma_6 & \sigma_5 \\ \sigma_6 & \sigma_2 & \sigma_4 \\ \sigma_5 & \sigma_4 & \sigma_3 \end{bmatrix}$$

表 3-1　2 阶张量的一维数列表示

ij	11	22	33	23	31	12
$\overline{ij}$	1	2	3	4	5	6

表 3-2　3 阶张量的一维数列表示

ijk	111	221	331	231	311	121	112	222	332	232	312	122	113	223	333	233	313	123
$\overline{ijk}$	1	2	3	4	5	6	7	8	9	10	11	12	13	14	15	16	17	18

表 3-3　4 阶张量的一维数列表示

$ijkl$	1111	2211	3311	2311	3111	1211	1122	2222	3322	2322	3122	1222	1133
$\overline{ijkl}$	1	2	3	4	5	6	7	8	9	10	11	12	13
$ijkl$	2233	3333	2333	3133	1233	1123	2223	3323	2323	3123	1223	1131	2231
$\overline{ijkl}$	14	15	16	17	18	19	20	21	22	23	24	25	26
$ijkl$	3331	2331	3131	1231	1112	2212	3312	2312	3112	1212
$\overline{ijkl}$	27	28	29	30	31	32	33	34	35	36

3.1.3　主程序中的部分变量、过程和函数

主程序是基于等效夹杂物方法编写的，因此以夹杂物位置坐标的两阶多项式表示的本征应变系数可以通过求解各个夹杂物的等效方程获得。表 3-4 为三个夹杂物情况下的代数方程组计算。

表 3-4 中的过程 $B^{I}_{6\_6}$、$B^{I}_{6\_18}$、$B^{I}_{6\_36}$ 和 $B^{II}_{6\_6}$、$B^{II}_{6\_18}$、$B^{II}_{6\_36}$ 等用于计算夹杂物自身引起的本征应变；过程 $A^{I}_{6\_6}$、$A^{I}_{6\_18}$、$A^{I}_{6\_36}$ 和 $A^{II}_{6\_6}$、$A^{II}_{6\_18}$、$A^{II}_{6\_36}$ 用于计算夹杂物间的相互影响引起的本征应变；例如，$A^{I}_{6\_6}$ 表示其他夹杂物对第 I 个夹杂物的影响产生的本征应变的 ij 分量。E_{6_1} 和 $\overline{E}_{6\_1}$ 分别为外加场在老坐标 x_i 和新坐标 $\overline{x}_i$ 中的 ij 分量。

表 3-4 只是三个夹杂物情况。对于 n 个夹杂物，左边将变为一个 $(n \times 60) \times (n \times 60)$ 矩阵，而中间和右边则变为一个 $(n \times 60) \times 1$ 矩阵。在程序中构造一个 $(n \times 60) \times (n \times 60+1)$ 矩阵来包含等号左边的两个矩阵。表 3-5 为部分过程和函数的用途说明。

表 3-4　三个夹杂物情况下的代数方程组计算

$B^I_{6\_6}$	0	$B^I_{6\_36}$	$A^I_{6\_6}$	$A^I_{6\_18}$	$A^I_{6\_36}$	$A^I_{6\_6}$	$A^I_{6\_18}$	$A^I_{6\_36}$	B^I_{ij}		E_{6_0}
0	$B^I_{18\_18}$	0	$A^I_{18\_6}$	$A^I_{18\_18}$	$A^I_{18\_36}$	$A^I_{18\_6}$	$A^I_{18\_18}$	$A^I_{18\_36}$	B^I_{ijk}		E_{18_0}
0	0	$B^I_{36\_36}$	$A^I_{36\_6}$	$A^I_{36\_18}$	$A^I_{36\_36}$	$A^I_{36\_6}$	$A^I_{36\_18}$	$A^I_{36\_36}$	B^I_{ijkl}		E_{36_0}
$A^{II}_{6\_6}$	$A^{II}_{6\_18}$	$A^{II}_{6\_36}$	$B^{II}_{6\_6}$	0	$B^{II}_{6\_36}$	$A^{II}_{6\_6}$	$A^{II}_{6\_18}$	$A^{II}_{6\_36}$	B^{II}_{ij}	=	$\overline{E}_{6\_0}$
$A^{II}_{18\_6}$	$A^{II}_{18\_18}$	$A^{II}_{18\_36}$	0	$B^{II}_{18\_18}$	0	$A^{II}_{18\_6}$	$A^{II}_{18\_18}$	$A^{II}_{18\_36}$	B^{II}_{ijk}		$\overline{E}_{18\_0}$
$A^{II}_{36\_6}$	$A^{II}_{36\_18}$	$A^{II}_{36\_36}$	0	0	$B^{II}_{36\_36}$	$B^{II}_{36\_6}$	$B^{II}_{36\_18}$	$A^{II}_{36\_36}$	B^{II}_{ijkl}		$\overline{E}_{36\_0}$
$A^{III}_{6\_6}$	$A^{III}_{6\_18}$	$A^{III}_{6\_36}$	$A^{III}_{6\_6}$	$A^{III}_{6\_18}$	$A^{III}_{6\_36}$	$B^{III}_{6\_6}$	0	$B^{III}_{6\_36}$	B^{III}_{ij}		$\overline{\overline{E}}_{6\_0}$
$A^{III}_{18\_6}$	$A^{III}_{18\_18}$	$A^{III}_{18\_36}$	$A^{III}_{18\_6}$	$A^{III}_{18\_18}$		0	$B^{III}_{18\_18}$	0	B^{III}_{ijk}		$\overline{\overline{E}}_{18\_0}$
$A^{III}_{36\_6}$	$A^{III}_{36\_18}$	$A^{III}_{36\_36}$	$A^{III}_{36\_6}$	$A^{III}_{36\_18}$	$A^{III}_{36\_36}$	0	0	$B^{III}_{36\_36}$	B^{III}_{ijkl}		$\overline{\overline{E}}_{36\_0}$

表 3-5　部分过程和函数的用途说明

函数（过程）	相应的计算公式	函数（过程）	相应的计算公式
$B^I_{6\_6}$	$\Delta C^I_{stmn} D^I_{mnij}(0) - C_{stmn}$	$B^I_{6\_36}$	$\Delta C^I_{stmn} D^I_{mnijkl}(0) - C_{stmn}$
$B^I_{18\_18}$	$\Delta C^I_{stmn} \frac{\partial}{\partial x_p} D^I_{mnijk}(0)$	$B^I_{36\_36}$	$\frac{1}{2}\Delta C^I_{stmn} \frac{\partial^2}{\partial x_p \partial x_q} D^I_{mnijkl}(0)$
$A^I_{6\_6}$	$\Delta C^I_{stmn} a_{mc} a_{nh} D^{II}_{chij}(0)$	$A^I_{6\_18}$	$\Delta C^I_{stmn} a_{mc} a_{nh} D^{II}_{chijk}(0)$
$A^I_{6\_36}$	$\Delta C^I_{stmn} a_{mc} a_{nh} D^{II}_{chijkl}(0)$	$A^I_{18\_6}6$	$\Delta C^I_{stmn} a_{mc} a_{nh} a_{pf} \frac{\partial}{\partial \overline{x}_f} D^{II}_{chij}(0)$
$A^I_{18\_18}$	$\Delta C^I_{stmn} a_{mc} a_{nh} a_{pf} \frac{\partial}{\partial \overline{x}_f} D^{II}_{chijk}(0)$	$A^I_{18\_36}$	$\Delta C^I_{stmn} a_{mc} a_{nh} a_{pf} \frac{\partial}{\partial \overline{x}_f} D^{II}_{chijkl}(0)$
$A^I_{36\_6}$	$\frac{1}{2}\Delta C^I_{stmn} a_{mc} a_{nh} a_{pf} a_{qg} \frac{\partial^2}{\partial \overline{x}_f \partial \overline{x}_g} D^{II}_{chij}(0)$	$A^I_{36\_18}$	$\frac{1}{2}\Delta C^I_{stmn} a_{mc} a_{nh} a_{pf} a_{qg} \frac{\partial^2}{\partial \overline{x}_f \partial \overline{x}_g} D^{II}_{chijk}(0)$
$A^I_{36\_36}$	$\frac{1}{2}\Delta C^I_{stmn} a_{mc} a_{nh} a_{pf} a_{qg} \frac{\partial^2}{\partial \overline{x}_f \partial \overline{x}_g} D^{II}_{chijkl}(0)$	E_{6_1}	$-\Delta C^I_{stmn} E_{mn}$
E_{18_1}	$-\Delta C^I_{stmn} E_{mnp}$	E_{36_1}	$-\Delta C^I_{stmn} E_{mnpq}$
B^I_{ij}	第 I 个夹杂物本征应变中的 ij（零阶）分量	B^I_{ijk}	第 I 个夹杂物本征应变中与坐标 x_k 有关的 ijk（一阶）分量
B^I_{ijkl}	第 I 个夹杂物本征应变中与坐标 x_k, x_l 有关的 $ijkl$（二阶）分量	B^{II}_{ij}	第 II 个夹杂物本征应变中的 ij（零阶）分量
B^{II}_{ijk}	第 II 个夹杂物本征应变中与坐标 x_k 有关的 ijk（一阶）分量	B^{II}_{ijkl}	第 II 个夹杂物本征应变中与坐标 x_k, x_l 有关的 $ijkl$（二阶）分量
$B^{II}_{6\_6}$	$\Delta C^{II}_{stmn} D^{II}_{mnij}(0) - C_{stmn}$	$B^{II}_{6\_36}$	$\Delta C^{II}_{stmn} D^{II}_{mnijkl}(0) - C_{stmn}$
$B^{II}_{18\_18}$	$\Delta C^{II}_{stmn} \frac{\partial}{\partial \overline{x}_p} D^{II}_{mnijk}(\overline{0})$	$B^{II}_{36\_36}$	$\frac{1}{2}\Delta C^{II}_{stmn} \frac{\partial^2}{\partial \overline{x}_p \partial \overline{x}_q} D^{II}_{mnijkl}(\overline{0})$
$A^{II}_{6\_6}$	$\Delta C^{II}_{stmn} a_{cm} a_{hn} D^I_{chij}(\overline{0})$	$A^{II}_{6\_18}$	$\Delta C^{II}_{stmn} a_{cm} a_{hn} D^I_{chijk}(\overline{0})$

续表

函数 (过程)	相应的计算公式	函数 (过程)	相应的计算公式
$A^{\text{II}}_{6\_36}$	$\Delta C^{\text{II}}_{stmn}a_{cm}a_{hn}D^{\text{I}}_{chijkl}(\overline{0})$	$A^{\text{II}}_{18\_6}$	$\Delta C^{\text{II}}_{stmn}a_{cm}a_{hn}a_{fp}\dfrac{\partial}{\partial x_f}D^{\text{I}}_{chij}(\overline{0})$
$A^{\text{II}}_{18\_18}$	$\Delta C^{\text{II}}_{stmn}a_{cm}a_{hn}a_{fp}\dfrac{\partial}{\partial x_f}\sqrt{b^2-4ac}\,D^{\text{I}}_{chijk}(\overline{0})$	$A^{\text{II}}_{18\_36}$	$\Delta C^{\text{II}}_{stmn}a_{cm}a_{hn}a_{fp}\dfrac{\partial}{\partial x_f}D^{\text{I}}_{chijkl}(\overline{0})$
$A^{\text{II}}_{36\_6}$	$\dfrac{1}{2}\Delta C^{\text{II}}_{stmn}a_{cm}a_{hn}a_{fp}a_{gq}\dfrac{\partial^2}{\partial x_f \partial x_g}D^{\text{I}}_{chij}(\overline{0})$	$A^{\text{II}}_{6\_18}$	$\dfrac{1}{2}\Delta C^{\text{II}}_{stmn}a_{cm}a_{hn}a_{fp}a_{gq}\dfrac{\partial^2}{\partial x_f \partial x_g}D^{\text{I}}_{chijk}(\overline{0})$
$A^{\text{II}}_{36\_36}$	$\dfrac{1}{2}\Delta C^{\text{II}}_{stmn}a_{cm}a_{hn}a_{fp}a_{gq}\dfrac{\partial^2}{\partial x_f \partial x_g}D^{\text{I}}_{chijkl}(\overline{0})$	$\overline{E}_{6\_1}$	$-\Delta C^{\text{II}}_{stmn}\overline{E}_{mn}$
$\overline{E}_{18\_1}$	$-\Delta C^{\text{II}}_{stmn}\overline{E}_{mnp}$	$\overline{E}_{36\_1}$	$-\Delta C^{\text{II}}_{stmn}\overline{E}_{mnpq}$

主程序中定义和使用的一些名称和过程如下。

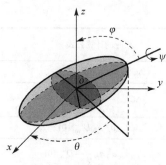

图 3-1　夹杂物的方法

本程序将夹杂物类型分为两种，一种是球形（用 "1" 表示）；另一种是椭球形（用 "5" 表示）。夹杂物的方位用三个欧拉角（θ、φ、ψ）确定如图 3-1 所示。将椭球夹杂物最长的半轴定义为 a_1，中长的半轴定义为 a_2，最短的半轴定义为 a_3。当 a_1 沿 x 轴，a_2 沿 y 轴，a_3 沿 z 轴时，θ、φ、ψ 都为 0（称为初始方位）；其他情况下，θ 是 a_1 半轴在 xoy 平面上的投影与 x 轴的投影与 x 轴的夹角，φ 是 a_1 半轴与 z 轴的夹角，ψ 是与初始方相位比夹杂物绕 a_1 轴转过的角度。

（1）von_Mises 和 eq_tresca：这两个过程分别用于计算 von Mises 等效应力和 Tresca 等效应力。

（2）Eigenstrain_ multi_inc_1：这是本程序的关键过程，用于构建一个 $(n\times60)\times(n\times60+1)$ 矩阵，并首先调用 P_initialisation 子程序中的 init_system 过程处理基体材料弹性性质和每个夹杂物的弹性性质。如果本征应变计算的阶次为 0，则只调用下列过程计算 B_{ij} 分量：

Calcul_B6_6，range_mat，produit_mat_vecteur，créer_rot_1_2，Calcul_A6_6，change_base_tenseur，ecrirematcoef，hooke，Calcul_E6_0，range_vec

如果本征应变计算的阶次为 1，则除上面的过程外，还需要调用下列过程计算 B_{ijk} 分量：

Calcul_B18_18，Calcul_A6_18，Calcul_A18_18，Calcul_A18_6，Calcul_E18_0

如果本征应变计算的阶次为 2，则除上面的过程外，还需要调用下列过程计算 B_{ijkl} 分量：

Calcul_B6_36，Calcul_B36_36，Calcul_A6_36，Calcul_A18_36，Calcul_A36_6，Calcul_A36_18，Calcul_A36_36，Calcul_E36_0

（3）Write_eigen_strain：这是用于输出本征应变计算结果的过程。

（4）Balayage_carto：用于输出扫描点的坐标和应力分量。在输出文件中输出的坐标包括扫描点在 x_i 坐标系和扫描平面中的坐标。计算时，如果扫描点位于基体内，则屏幕显示 0；如果扫描点位于第 i 个夹杂物内，则输出 i。输出的应力包括计算结果的各应力分量 σ_{ij} 和等效应力（顺序为 σ_{11}，σ_{12}，σ_{13}，σ_{22}，σ_{23}，σ_{33}，von Mises 等效应力，Tresca 等效应力）。

3.1.4　与计算 $D_{ijkl}\cdots$ 及其各阶导数 $D_{ijkl,q}\cdots$ 相关的子程序

表 3-5 为计算 $D_{ijkl}\cdots$ 及其各阶导数 $D_{ijkl,q}\cdots$ 所需的数据。

表 3-6　计算 $D_{ijkl}\cdots$ 及其各阶导数 $D_{ijkl,q}\cdots$ 所需的数据

$D_{ijkl}\cdots$ 和 $D_{ijkl,q}\cdots$	D_{ijkl}	$D_{ijkl,q}$	$D_{ijkl,qr}$	D_{ijklm}	$D_{ijklm,q}$	$D_{ijklm,qr}$	D_{ijklmn}	$D_{ijklmn,q}$	$D_{ijklmn,qr}$
所需数据	$\phi_{,ij}$ $\psi_{,ijl}$	$\phi_{,ijq}$ $\psi_{,ijklq}$	$\phi_{,ijqr}$ $\psi_{,ijklqr}$	$\phi_{m,ij}$ $\psi_{m,ijkl}$	$\phi_{m,ijq}$ $\psi_{m,ijklq}$	$\phi_{m,ijqr}$ $\psi_{m,ijklqr}$	$\phi_{mn,ij}$ $\psi_{mn,ijkl}$	$\phi_{mn,ijq}$ $\psi_{mn,ijklq}$	$\phi_{mn,ijqr}$ $\psi_{mn,ijklqr}$

（1）p_eshe3：这一子程序主要用于计算 I 积分及其各阶导数、V 积分及其各阶导数，以及其他在计算 $\phi_{,ij},\psi_{,ijl},\cdots$ 中需要的数据。它是本程序中最大的一个子程序。

（2）p_eshe4 和 p_eshe5：这两个子程序用于计算表 3-6 中的 $\phi_{,ij},\psi_{,ijl},\cdots$ 数据。

（3）p_eshe6 和 p_eshe7：这两个子程序通过调用 p_eshe4 和 p_eshe5 中的相关过程来计算并存储 $D_{ijkl}\cdots$ 及其各阶导数 $D_{ijkl,q}\cdots$。

（4）p_eshe8：该子程序包含表 3-5 中的所有过程。

（5）p_rotation：该子程序包含计算坐标转置矩阵 a_{ij} 所需的过程。

3.2　多夹杂物数值计算程序计算结果分析

3.2.1　与球形空洞精确解的比较

为验证本书所编制等效夹杂物数值计算程序的合理性以及计算结果的有效性，本节把本书的计算结果与具有解析解的简单夹杂物（Sternberg 和 Sadowsky 的球形空洞）计算结果以及大家公认的 Moschovidis 的数值计算结果进行比较。

表 3-7 是针对无限大体中两个球形空洞（无限大体中两个间距为 4.0、半径为 1 的球形空洞，球心位置分别位于 (0,0,0) 和 (0,0,4) 两点，基体的弹性模量为 207.6GPa，泊松比为 0.25，x、y、z 三个方向的外加载荷数值均为 1000 的拉应力）的三种方法（Sternberg 和 Sadowsky 的精确解、Moschovidis 的数值解以及本书的数值解）的计算结果。

表 3-7 的结果显示：对于球形空洞，与精确解相比，除在各应力分量等于 0 的位置误差较大外，在最大应力处的计算结果误差不超过 1.5%；与 Moschovidis 的数值计算结果相比较，也是在各应力分量等于 0 的位置误差较大，而在最大应力处的计算结果则非常吻合，误差不超过 1.0%。

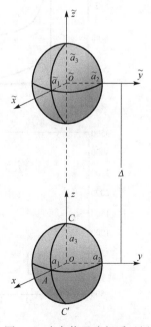

图 3-2　夹杂物及坐标系示例

表 3-7　三种方法的计算结果比较

方法	A 点			C'点			C 点		
	σ_{11}	σ_{22}	σ_{33}	σ_{11}	σ_{22}	σ_{33}	σ_{11}	σ_{22}	σ_{33}
Sternberg 和 Sadowsky 的精确解	0	1500	1470	1510	1510	0	1570	1570	0
Moschovidis 的数值解	1.0	1507.9	1467.6	1503	1503	−0.8	1549.5	1549.5	−6
本书计算结果	26.9	1494.3	1460.1	1488.2	1488.2	12.1	1546.8	1546.8	26.9

3.2.2　与单个空洞和两个空洞数值计算结果的比较

为更全面地验证本书的数值计算程序，本节分别就单个球形、扁球形（$a_1 = a_2 > a_3$）和一般椭球形（$a_1 > a_2 > a_3$）空洞，受单向载荷（1000）作用时，在 x、y、z 三个坐标轴方向的正应力分量（在以下图中各轴向的正应力也分别命名为 σ_{11}，σ_{22}，σ_{33}）进行完整的比较。此外，为验证本书编写的数值计算程序用于计算发生干涉夹杂物应力场的合理性，本节就等效距离 $\Delta = 2.5$ 的两个球形、扁球形和一般椭球形空洞在 z 方向单向拉伸载荷（1000）作用时，各正应力分量的数值计算结果进行完整的比较。等效距离 Δ 是指球心连线距离与位于连线上的半径之比。

从图 3-3～图 3-10 中两种数值计算结果在三个坐标轴方向正应力的大小、分布和变化趋势等方面的比较可以看出，本书的计算结果与 Moschovidis 的计算结果较为吻合。需要说明的是，根据 Moschovidis 的研究结果，当等效距离 $\Delta = 2.5$ 时空洞之间会发生明显的干涉。

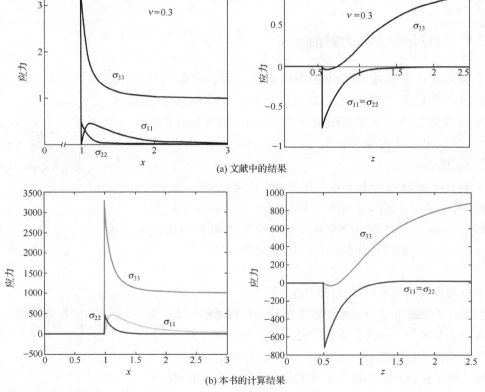

(a) 文献中的结果

(b) 本书的计算结果

图 3-3　扁球空洞（x、z 方向；$a_1 = a_2 = 1$，$a_3 = 0.5$）的轴向正应力分布

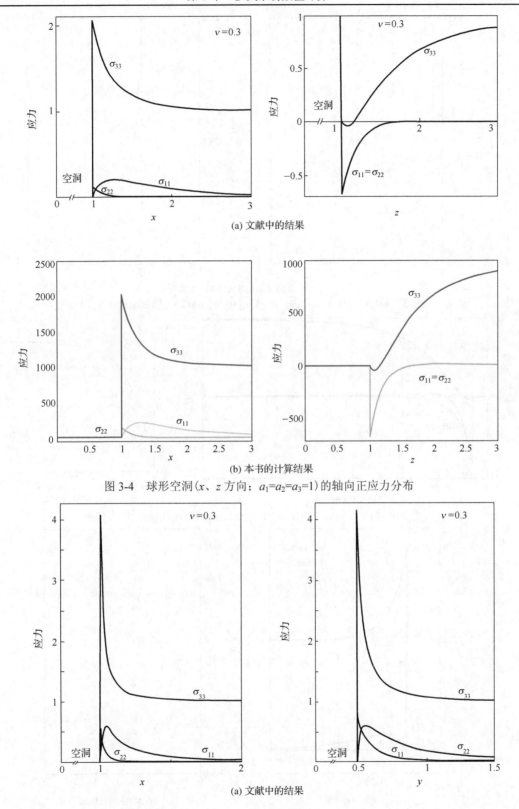

(a) 文献中的结果

(b) 本书的计算结果

图 3-4　球形空洞(x、z 方向；$a_1=a_2=a_3=1$)的轴向正应力分布

(a) 文献中的结果

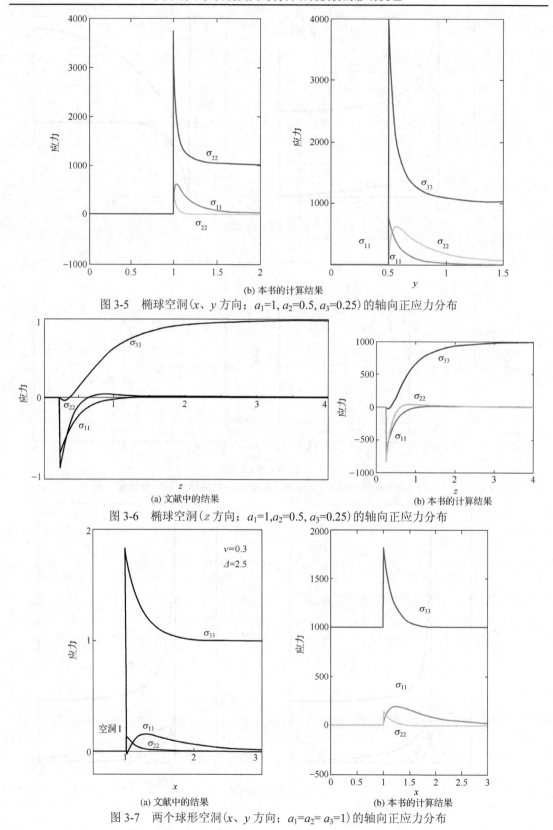

(b) 本书的计算结果

图 3-5　椭球空洞(x、y 方向；a_1=1, a_2=0.5, a_3=0.25) 的轴向正应力分布

(a) 文献中的结果　　　　　　　　　　　　(b) 本书的计算结果

图 3-6　椭球空洞(z 方向；a_1=1, a_2=0.5, a_3=0.25) 的轴向正应力分布

(a) 文献中的结果　　　　　　　　　　　　(b) 本书的计算结果

图 3-7　两个球形空洞(x、y 方向；a_1=a_2=a_3=1) 的轴向正应力分布

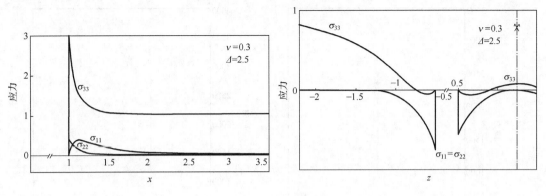

(a) 文献中的结果

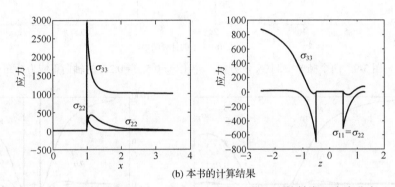

(b) 本书的计算结果

图 3-8　两个椭球空洞 (x、z 方向；$a_1=a_2=1$, $a_3=0.5$) 的轴向正应力分布

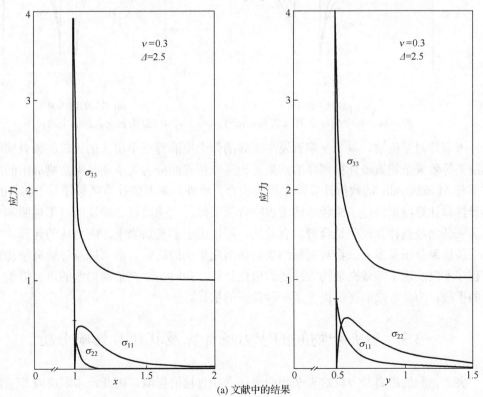

(a) 文献中的结果

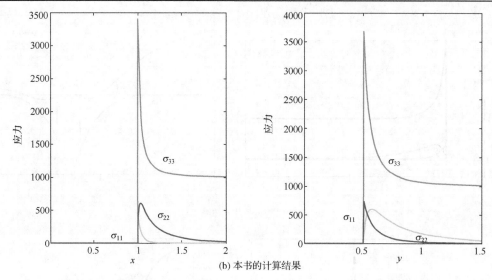

图 3-9　两个椭球空洞(x、y方向；a_1=1, a_2=0.5, a_3=0.25)的轴向正应力分布

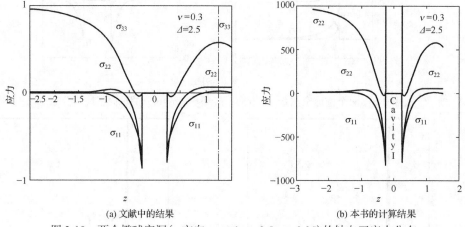

图 3-10　两个椭球空洞(z方向；a_1=1,a_2=0.5, a_3=0.25)的轴向正应力分布

　　本节针对精确解、单个空洞到发生干涉的两个空洞等三个层次的比较结果表明：本书编制的等效夹杂物数值计算程序的结果无论危险位置的应力大小还是夹杂物周围的应力分布都与 Moschovidis 的数值计算结果极为吻合。此外，本书的计算结果还与 Edwards 的球形异性体计算结果进行了比较，两者也吻合得很好。这些比较、验证的结果说明本书编制的多夹杂物数值计算程序是合理、有效的，可以用于多夹杂物干涉应力场的计算、多夹杂物干涉机制分析及多夹杂物对材料细观损伤演化影响的研究。本书编制等效夹杂物数值计算程序不仅实现了等效夹杂物方法的数值化计算，同时为多夹杂物问题的研究提供了一种新的手段，为新方法的评价提供了一种验证的依据。

3.3　多夹杂物间的应力场计算及其相互影响分析

　　夹杂物间的距离及方位对夹杂物应力场存在直接的影响，因此，本书选取若干富有代表性的多夹杂物构型进行简要而又具有一定系统性的计算和分析，力图最终通过这些工作来研究含有球形和椭球形硬质夹杂物材料的细观结构损伤演化。

本节主要研究两个问题：①计算多孔洞夹杂物的局部应力场，分析孔洞间的相互干涉情况及其对材料损伤演化的影响；用 a_3/a_2=0.5、a_2/a_1=0.5 的特殊椭球孔洞模拟裂纹，计算裂纹群的应力场并研究裂纹间距离和方位对应力场的影响，以及裂纹群对材料损伤演化的影响；②针对 E_i/E_m=2 的硬质夹杂物计算多夹杂物区域的局部应力场，分析硬质夹杂物间的相互干涉机制及其对材料损伤演化的影响。

本书的数值计算给出了各点的六个应力分量、von Mises 等效应力和 Tresca 等效应力，为简约和可比较起见，本书只图示每种情况下的 von Mises 等效应力。

图 3-11～图 3-14 的应力分布都是在沿 z 方向拉应力作用下的 von Mises 等效应力计算结果，外加拉应力大小为 1000，未标注计算应力分布的平面均为 yoz 面（图 3-1）。

3.3.1 孔洞群及裂纹群的局部应力场

3.2 节给出了单个及两个空洞的各应力分量计算结果，平面状态下三个空洞以及从单裂纹到三裂纹的计算结果将在相关数字全息和传统全息干涉实验中给出。因此本节只给出空洞群和裂纹群应力场的计算结果，并分析其相互干涉机制。

图 3-11(a) 是单个球形空洞的等效应力分布图，最大应力为 1980，出现在与外载荷方向垂直的直径两端面。最小应力为 230，出现在与外载荷方向平行的直径两端面，而且低应力区的范围明显大于高应力区。图 3-11(b) 是球心连线位于 yoz 平面上的四个球形空洞的等效应力分布图。等效距离 Δ=2.5。图 3-11(b) 显示，在球心连线垂直于外加载荷的四个空洞的内侧边缘的应力为 1980，外侧边缘的应力为 1900，而球心连线基体上的应力均高于 1500；在球心连线平行于外加载荷的空洞间基体上的应力接近 0，外侧基体上的应力也仅为 230；图 3-11(c) 和 (d) 是在空间呈体心立方分布的九个球形空洞中，中间空洞在 xoy 和 yoz 两个平面上的等效应力分布情况，在体心立方四条对角线上空洞的等效距离 Δ=2.1。在 xoy 平面（过球心并垂直于外载荷方向）上，此空洞边有四个分别垂直或平行于外载荷方向，并相互成 90° 夹角的最大应力 (2890) 区，在最大应力区之间，与外载荷方向成 45° 的空洞边缘区域的应力稍小，但最小应力也达到 1770，而且在距球心 2 倍半径的基体区域内的应力均超过 1270；在 yoz 平面上，只在垂直于外载荷方向的直径两端存在 2890 的最大应力，在立方体角的空洞球心连线间的基体上也存在 1750 的高应力区。

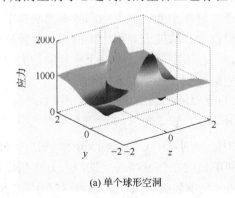

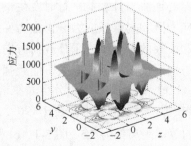

(a) 单个球形空洞　　　　　　　　　　(b) 分布在 yoz 面上的四个球形空洞

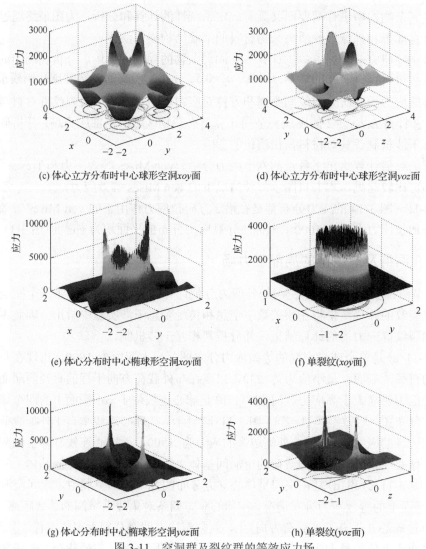

(c) 体心立方分布时中心球形空洞xoy面 (d) 体心立方分布时中心球形空洞yoz面

(e) 体心分布时中心椭球形空洞xoy面 (f) 单裂纹(xoy面)

(g) 体心分布时中心椭球形空洞yoz面 (h) 单裂纹(yoz面)

图 3-11 空洞群及裂纹群的等效应力场

从等效应力的角度看，系列计算结果显示：球形空洞间发生有效干涉（最大应力大于单个空洞的最大应力）的等效距离 $\Delta<2.4$，此距离明显小于 Moschovidis 用应力分量分析时得出的有效干涉距离（$\Delta=4$）；当空洞的球心连线与外载荷垂直时发生最强的增强干涉，而当空洞的球心连线与外载荷平行时发生最强的屏蔽干涉；在多空洞区域的基体中会出现若干局部高应力区和局部低应力区，应力梯度很大，梯度方向由空洞的相互位置决定；单个空洞长大和汇聚的方向垂直于外载荷方向，但在多空洞区域中每个空洞的长大方向和空洞间的汇聚方向不仅与外载荷有关，而且强烈地受到其他空洞的影响。

图 3-11(e)～(h)主要用于分析裂纹群的应力场。裂纹用椭球形空洞（$a_1=1$，$a_2=0.5$，$a_3=0.25$）模拟，裂纹的方位都是 $\theta=90°$，$\phi=90°$，$\psi=90°$。9 个裂纹呈体心立方分布，裂纹各方向的等效距离都为 2.5。图 3-11(e)和(g)分别是中心裂纹在 xoy 面（垂直于外载荷）和 yoz 面上的等效应力分布图。与相同方位的单裂纹在相应平面上的应力分布相比，体心分布裂纹群中心裂纹裂尖的最大应力为 10800，是单裂纹裂尖最大应力（3750）的 2.88 倍。在

与外载荷垂直的上下裂纹面上，体心分布裂纹群中心裂纹（a_3 端）的最大应力为 7000，而单裂纹的最大应力仅为 330；从应力分布区上看，在裂纹群的中心裂纹裂尖（a_1 端）延长线上 80%裂纹半长的范围内应力值超过 2000，在与外载荷垂直的上下裂纹面外 1～2 倍 a_3 范围内基体上的应力值也超过 2000。单裂纹裂尖（a_1 端）延长线上应力值超过 2000 的范围小于 10%裂纹半长，而在与外载荷垂直的上下裂纹面外基体上的应力很小。为进一步比较，还用相同尺寸和方位的两个中心位于 y 轴上的裂纹，针对等效距离分别为 2.5、2.4、2.3 和 2.1 四种情形下的应力场进行计算。在等效距离为 2.5、2.4 的情况下，裂纹尖端最大应力基本没有变化，只是两内侧裂尖之间基体上的应力达到 1250。当等效距离为 2.1 时，最大应力达到 3900，裂尖之间基体上的应力超过 2000。

对于相同尺寸和方位的两个中心位于 z 轴的裂纹，在等效距离为 2.5 时屏蔽效应就非常明显，最大应力（3000）在裂纹尖端，裂纹之间的基体处于低应力区。

可见，裂纹间的干涉机制包括增强干涉和屏蔽干涉。就等效应力来说，当裂纹间的最长半轴连线与外力垂直时，裂纹间发生增强干涉效应；当裂纹最长半轴相互平行并且裂纹构成的平面与外载荷方向平行时，裂纹间发生屏蔽干涉效应，同样尺寸和方位裂纹的屏蔽干涉效应明显强于增强干涉效应，或者说，发生有效屏蔽干涉的等效距离要明显大于发生有效增强干涉的等效距离。

裂纹间发生有效增强干涉（最大应力大于单裂纹的最大应力）的等效距离要小于空洞间的等效距离，两个裂纹间发生有效增强干涉的等效距离小于 2.3。但对于裂纹群而言，在等效距离达到 3.0 时仍会发生有效干涉。在存在裂纹群的区域，由于裂纹间的相互干涉作用，裂尖应力急剧增大，高应力区显著扩大。因此，在裂纹群区域内裂纹扩展以及萌生的可能性明显增加，裂纹群区域是一个高危险性区域。

3.3.2　硬质夹杂物区域的局部应力场

相对于空洞来说，球形和椭球形硬质夹杂物的研究结果明显偏少。因此，对于硬质夹杂物的分析，本节从单个球形和单个椭球形的应力场开始。在计算模型中假定夹杂物与基体界面结合良好，基体是各向同性的均质材料。

1. 单硬质夹杂

图 3-12（a）～（e）显示的是在单向受力状态下，球形（$a=1.0$）、扁球形（$a_1=a_2=0.5$，$a_3=0.25$）和椭球形（$a_1=1$，$a_2=0.5$，$a_3=0.25$）硬质夹杂物的应力分布。

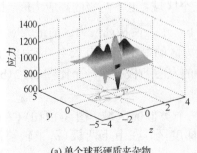 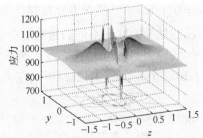

(a) 单个球形硬质夹杂物　　　　　　　　(b) 长轴沿 y 方向的单个扁球形硬质夹杂物1

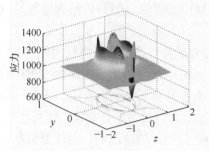

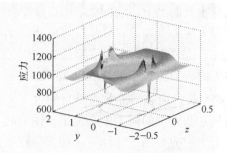

(c) 长轴沿子方向的单个扁球形硬质夹杂物2　　　　　(d) 长轴沿y方向的单个椭球形硬质夹杂物

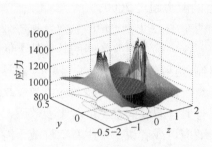

(e) 长轴沿z方向的单个椭球形硬质夹杂物

图 3-12　单个硬质夹杂物的应力场

对于球形夹杂物(图 3-12(a))，其应力分布分为三个区域。垂直于外力方向的夹杂物上下两极区域的应力明显高于基体的应力，两极区域的最大应力为1250；而在球形夹杂物与上下两极点成 45° 夹角的附近区域则有整个夹杂物周围最大的应力区，其最大应力达1300；在平行于外力方向的夹杂物左右两极区域的应力明显低于基体的应力，左右两极区域的最小应力为700。

对于扁球形夹杂物，其应力分布也分为三个类似的区域。图 3-12(b)(方位 $\theta=90°$，$\phi=90°$，$\psi=90°$)中，在夹杂物上下两极区域(a_3 半轴端部)，首先在紧靠夹杂物上下两极区域的基体中有一个小于外加应力的低应力区(最小值为920)，然后是一个最大值为1115的高应力区，夹杂物就在上下两极区域存在一个 a_3 大小的应力梯度区；整个夹杂物周围的最小应力出现在左右两极点(a_1 半轴端部)，数值为 720；与球形夹杂物不同的是，整个夹杂物周围的最大应力(1290)没有出现在与上下两极点成 45° 夹角的附近区域，而是非常靠近应力最小的左右两极点，因此在夹杂物左右两极区的应力梯度更大。图 3-12(c)(方位 $\theta=0°$，$\phi=0°$，$\psi=0°$)的应力分布同样分为三个区域：上下两极的高应力区、最大应力区和左右两极的低应力区。不同的是在这个方位下，上下两极高应力区的最大应力为1300，最大应力区的应力极值为1390，左右两极低应力区的最小应力为754，应力集中的程度强于图 3-12(b)。另外，图 3-12(c)中只在夹杂物的左右两极存在一个比图 3-12(b)更大的应力梯度区。

对于椭球形夹杂物，其应力分布也分为三个类似的区域。图 3-12(d)(方位 $\theta=90°$，$\phi=90°$，$\psi=0°$)中，夹杂物也存在两个应力梯度区，在上下两极(a_3 半轴端部)的高应力区范围较大，该区域的最小应力为950，最大应力为1080。在接近最长半轴端部的最大应力区的最大应力为 1200，左右两极低应力区的最小应力为 690，最大应力为 1040。

图 3-12(e)（方位 $\theta = 0°$，$\phi = 0°$，$\psi = 90°$）中不存在应力梯度区。在上下两极(a_1 半轴端部)的高应力区和最大应力区较小，极值相近，最大应力为 1536，左右两极(a_3 半轴端部)低应力区的最小应力为 830，高应力区与低应力区是连续的。

上述计算结果表明，硬质夹杂物的应力分布比空洞的应力分布复杂得多。与空洞相反，硬质夹杂物的主要受力区在上下两极区域。对于椭球体，其应力分布和大小均与夹杂物的方位密切相关，当椭球体的长轴与外力平行时，长轴端部的应力达到最大。

2. 多硬质夹杂

图 3-13 为多个硬质夹杂物的应力场。

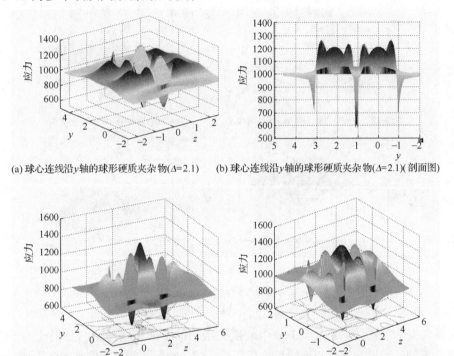

(a) 球心连线沿y轴的球形硬质夹杂物($\Delta=2.1$)　　(b) 球心连线沿y轴的球形硬质夹杂物($\Delta=2.1$)(剖面图)

(c) 球心连线沿z轴的球形硬质夹杂物($\Delta=2.5$)　　(d) 球心连线沿z轴的球形硬质夹杂物($\Delta=3$)

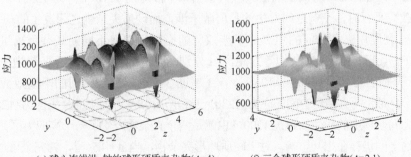

(e) 球心连线沿z轴的球形硬质夹杂物($\Delta=4$)　　(f) 三个球形硬质夹杂物($\Delta=2.1$)

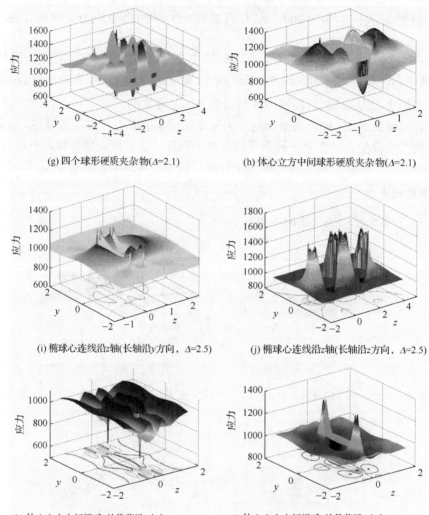

(g) 四个球形硬质夹杂物(Δ=2.1)　　　　(h) 体心立方中间球形硬质夹杂物(Δ=2.1)

(i) 椭球心连线沿z轴(长轴沿y方向，Δ=2.5)　　(j) 椭球心连线沿z轴(长轴沿z方向，Δ=2.5)

(k) 体心立方中间椭球(外载荷沿z方向，Δ=2.5)　　(l) 体心立方中间椭球(外载荷沿y方向，Δ=4.0)

图 3-13　多个硬质夹杂物的应力场

在单向受力状态下，图 3-13(a)中硬质夹杂物的干涉机制与空洞及裂纹的干涉机制存在明显的不同。当夹杂物形心连线与外载荷垂直时，空洞之间发生的是增强干涉，空洞间基体的应力会增大，而此时硬质夹杂物之间发生的却是屏蔽干涉，两夹杂物间的应力由 700 下降到小于 600，此外，45°方向上的最大应力也由未干涉时的 1270 下降为 1230；当夹杂物形心连线与外载荷平行时，空洞之间发生的是屏蔽干涉，而硬质夹杂物之间发生的却是增强干涉。

为了研究硬质夹杂物间的距离对干涉效应的影响，选取不同的夹杂距离进行计算，由图 3-13(c)～(e)可见，当夹杂物等效距离 Δ 分别为 2.5、3 和 4 时，两夹杂物中间基体上的最大应力分别为 1540、1440 和 1230。当 Δ 超过 3.5 后，夹杂物间的干涉效应明显减弱，而且当 Δ=4 时，两夹杂物中间的应力(1230)已经小于 45°方向上的最大应力(1280)，当然此时夹杂物之间基体中的应力均超过 1200，也就是两个夹杂物产生了一个高应力区，所以当 Δ=4 时，夹杂物之间仍存在相互影响。对于硬质球形夹杂物，当 Δ=4.5 时，就完全可以不考虑夹杂物间的相互影响。然而，就干涉强度而言，在相同距离下空洞间的干涉强度更大，应力也更大。

针对复合材料中颗粒的团聚对材料微结构和损伤演化的影响，还分别计算分布在同一平面上的三个(图 3-13(f))、四个(图 3-13(g))和分布在空间的九个(图 3-13(h))硬质夹杂物的应力场。其中三个和四个夹杂物球心间的距离都是 $\Delta=2.1$，空间的九个硬质夹杂物呈体心立方分布，四条空间对角线上三个夹杂物的球心距离也都是 $\Delta=2.1$。从应力分布图可以看出，三个夹杂物情况下的最大应力出现在三个夹杂物相邻圆弧约 45°方向上(分别达到 1510(下面两个夹杂物内侧 45°)和 1490(上面一个夹杂物 45°))，三个夹杂物之间的基体均处于高应力区；正方形分布四个夹杂物的最大应力(1470)出现在球心连线平行于外载荷的夹杂物之间相邻圆弧外侧 45°方向上，由于夹杂物间的屏蔽作用，相邻圆弧内侧 45°方向上的应力为 1400；体心立方分布的九个夹杂物的最大应力是这三种情况下最小的，其最大应力出现在八个角上的夹杂物周围，并与单个夹杂物的最大应力相同，而中间夹杂物(图 3-13(h))的最大应力仅为 1200，可见，夹杂物间存在明显的屏蔽效应。

椭球硬质夹杂物的干涉机制与球形硬质夹杂物相似，主要的差别有两个方面：一是椭球夹杂物的干涉效应与夹杂物的方位密切相关；二是与球形硬质夹杂物相比，椭球硬质夹杂物的增强效应和屏蔽效应均更加强烈。图 3-13(i)和(j)显示了椭球心($a_1=1$，$a_2=0.5$，$a_3=0.25$)连线均与外载荷方向平行的两种不同方位分布情况下的干涉情况，此时它们都发生增强效应。但图 3-13(i)中椭球(方位 $\theta=90°$，$\phi=90°$，$\psi=0°$)的长半轴垂直于外载荷方向，最大应力出现在非常靠近长半轴端部的地方，数值为 1200，此应力的大小和位置与同方位单个夹杂物基本相同。然而，由于干涉效应，此时，在距长半轴端部约 $a_1/3$ 的夹杂物之间的基体中又出现一个次大的应力极值(1160)；在夹杂物边缘最靠近的短半轴(a_3)端部之间的基体中应力值(1000)较小，小于单个夹杂物在该位置处的应力值(1070)，显示出屏蔽效应。图 3-13(j)中椭球(方位 $\theta=0°$，$\phi=0°$，$\psi=90°$)的长半轴平行于外载荷方向，最大应力出现在非常靠近两相邻长半轴端部的地方，数值为 1620，此应力的位置与同方位单个夹杂物基本相同，而应力值明显增大(单个夹杂物的最大应力为 1530)。两相邻长半轴端部的应力(1600)也比较大。在夹杂物之间基体中的应力发生增强效应，其中，在椭球心连线上的应力值最大，超过 1400，从而在夹杂物之间的基体中形成一个小范围的高应力区。可见，对于椭球夹杂物来说，即使是在椭球心连线与外载荷方向平行的情况下，由于椭球方位的不同，椭球之间也会出现不同的干涉形式。

图 3-13(k)是体心立方分布的九个椭球硬质夹杂物的中心夹杂物的应力分布图，这九个硬质夹杂物的尺寸、方位和距离与图 3-11(e)中的裂纹完全相同。此时，中心夹杂物的最大应力仅为 1060，位置靠近长半轴端部，明显小于相同方位和尺寸的单个硬质椭球夹杂物的最大应力(1200)。图 3-13(l)是与图 3-13(k)相同的夹杂物在 y 方向载荷作用下的等效应力分布图。此时，仅在最长半轴端部存在一个高应力区，最大应力为 1290，既明显大于外载荷沿 z 方向时(图 3-13(k))的最大应力，也明显小于相同情况下单个夹杂物的最大应力(1536)(图 3-12(e))。可见，椭球硬质夹杂物的团聚更容易出现屏蔽干涉效应，使得最大应力降低，高应力区缩小，而且屏蔽效应的程度与夹杂物的方位有关。

3.3.3　不同类型夹杂物间相互作用的影响

图 3-14 为不同类型多夹杂物的应力场。

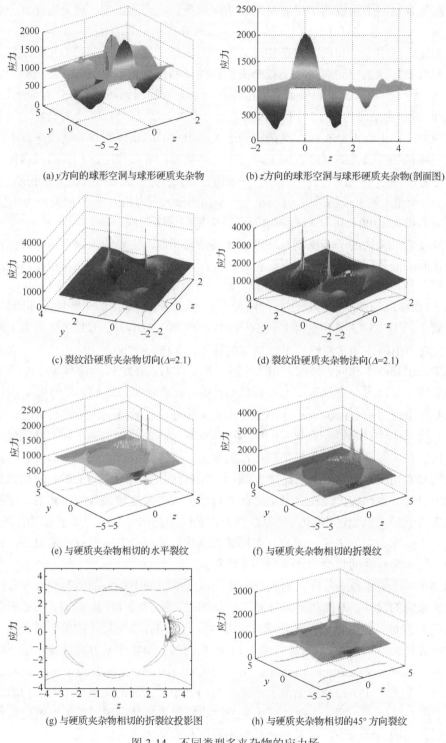

(a) y 方向的球形空洞与球形硬质夹杂物　　　　(b) z 方向的球形空洞与球形硬质夹杂物(剖面图)

(c) 裂纹沿硬质夹杂物切向(Δ=2.1)　　　　　(d) 裂纹沿硬质夹杂物法向(Δ=2.1)

(e) 与硬质夹杂物相切的水平裂纹　　　　　　　(f) 与硬质夹杂物相切的折裂纹

(g) 与硬质夹杂物相切的折裂纹投影图　　　　　(h) 与硬质夹杂物相切的45°方向裂纹

图 3-14　不同类型多夹杂物的应力场

　　从图 3-14 的计算结果可以再次看出，与球形空洞和椭球形空洞相比，硬质夹杂物引起的应力集中要小得多。因此，在硬质夹杂物、球形空洞和椭球形空洞存在的区域中，空洞尤其是裂纹类椭球空洞引起的应力集中是主导材料损伤演化的力学因素。图 3-14(a) 和(b)中，两个球形夹杂物的半径都是 1，其中一个是硬质夹杂物，另一个是空洞。图 3-14(a) 的球心连线与外力垂直(沿 y 轴)。计算结果显示空洞的最大应力明显大于硬质夹杂物的最大应力。当然，在夹杂物间的相互影响下，空洞的最大应力为 1940，与单个空洞的最大应力(2000)相比略有下降。与此同时，与空洞相近一侧硬质夹杂物 45°方向上的最大应力(1340)却比单个夹杂物的最大应力(1300)有所提高，而且两个夹杂物之间基体上的应力以及硬质夹杂物的最小应力也都有所增加。因此，在这一方位下，硬质夹杂物对空洞产生屏蔽效应，而空洞对硬质夹杂物则产生增强效应。图 3-14(b)的球心连线与外力平行(沿 z 轴)，此时，空洞的最大应力不受硬质夹杂物的影响，仍是 2000，而硬质夹杂物在与空洞相邻一侧的最大应力则明显下降，也就是说，空洞对硬质夹杂物产生了屏蔽效应，而硬质夹杂物只是使空洞的最小应力略有提高，影响甚小。可见，球形硬质夹杂物与空洞间会产生不同的干涉效应。当然，硬质夹杂物与空洞间的干涉强度要比同质夹杂间(空洞间或硬质夹杂物间)的干涉强度弱。

为研究硬质夹杂物和裂纹间的相互影响，本节用椭球空洞模拟裂纹，以分析硬质夹杂物的存在对裂纹在基体中的扩展路径的影响以及颗粒增强复合材料细观损伤中的颗粒脱粘现象。

图 3-14(c) 和(d) 显示的是两种特殊情况下裂纹与硬质夹杂物间的干涉。球形硬质夹杂物的半径为 1，模拟裂纹的椭球空洞的三个半轴分别为 $a_1 = 1$，$a_2 = 0.5$，$a_3 = 0.25$。椭球方位为 $\theta = 90°$，$\phi = 90°$，$\psi = 0°$。图 3-14(c) 中空洞的球心坐标为 (0, 0, 0)，椭球的球心坐标为 (0, 1.1, 1.0)，椭球长轴沿球形空洞的切向，Δ (=2.1) 是指两球心 y 坐标间的相对距离。图 3-14(d) 中空洞的球心坐标为 (0, 0, 0)，椭球的球心坐标为 (0, −1.1, 0)，椭球长轴沿球形空洞的法向。裂纹在基体的扩展过程中，图 3-14(c) 和(d) 的方位是两种典型的硬质夹杂物可能影响裂纹扩展路径的情况。图 3-14(c) 中裂纹两端的最大应力约为 3600，与相同构型和方位下单裂纹的最大应力相同。因此，硬质夹杂物对裂纹的应力没有产生明显的影响，而在与裂纹接近的夹杂物端部出现一个 1300～1450 的高应力区；图 3-14(d) 中裂纹两端的最大应力存在较大差别，靠近夹杂物端的最大应力为 3250，小于远离夹杂物端的最大应力(3600)。此时，硬质夹杂物的最大应力没有变化，而硬质夹杂物与裂纹相邻端的最小应力有所增加。从这些情况看，当硬质夹杂物位于裂纹的扩展路径上时，硬质夹杂物会对裂纹产生屏蔽作用，从而减小裂纹的扩展动力。考虑到材料加工过程中，夹杂物和基体材料的热错配与弹性错配引起夹杂物周围基体材料的强化及微观增韧，因此，夹杂物会改变裂纹的扩展路径，降低裂纹的扩展速率，提高材料的韧性和疲劳强度。

图 3-14(e)～(h) 是模拟颗粒脱粘时的应力场。球形硬质夹杂物的半径为 3，圆心坐标为 (0,0,0)，模拟裂纹的椭球空洞的三个半轴分别为 $a_1 = 0.5$，$a_2 = 0.25$，$a_3 = 0.125$。图 3-14(e) 中椭球方位为 $\theta = 90°$，$\phi = 90°$，$\psi = 0°$，椭球心坐标为 (0, 0, 3.125)，裂纹(椭球空洞)的下表面与夹杂物相切。此时裂纹两端部的最大应力为 2400，明显小于相同构型和方位的单裂纹最大应力(3100)，硬质夹杂物在 45°方向上的最大应力为 1260，比单个球形硬质夹杂物的最大应力(1300)略小。图 3-14(f) 中的折裂纹用两个椭球空洞模拟，裂纹 1 同图 3-14(e)，裂纹 2 中椭球方位为 $\theta = 90°$，$\phi = 99.1623°$，$\psi = 0°$，椭球心坐标为 (0, 0.4976, 3.085)，裂纹 2 的下

表面也与夹杂物相切。此时折裂纹两端部的最大应力存在明显差异，一端(裂纹1端部)的最大应力由2400增加到3100，另一端(裂纹2端部)的最大应力接近4000。这个应力超过相同构型和方位单裂纹的最大应力。与此同时，在折裂纹两端接近垂直于脱粘方向的基体中会出现一个局部高应力区，见图3-14(g)的等应力线。这是在图3-14(e)中没有发现的现象，说明夹杂物颗粒在顶部脱粘后，随着脱粘沿环向的延伸，一方面裂纹扩展(即继续脱粘)的动力在增大，颗粒的脱粘会优先沿环向发展。另一方面存在向基体扩展形成基体裂纹的可能。图3-14(h)是一个椭球心在45°半径延长线上、裂纹面与夹杂物相切的裂纹，方位为 $\theta = 90°$，$\phi = 135°$，$\psi = 0°$，椭球心坐标为(0, 2.21, 2.21)。尽管硬质夹杂物在45°附近区域存在最大应力区，但在硬质夹杂物与裂纹的相互影响下，此时，裂纹两端部的最大应力明显不同，裂纹左上端部的最大应力为2525，略小于相同构型和方位的单裂纹最大应力(2640)，裂纹右下端部的最大应力仅为2370，已经明显小于相同构型和方位的单裂纹最大应力，可见此时颗粒脱粘的动力已经小于裂纹扩展的动力，脱粘应该已经停止。另外，基体中也出现一个与外载荷接近垂直的局部高应力区。结合单个硬质夹杂物应力场的分布情况，硬质夹杂物发生脱粘的起源优先出现在与外载荷方向成45°夹角的附近区域界面以及夹杂物上下部界面，因为在这两个区域存在最大应力区和次大应力区。从脱粘后的裂纹端部应力场看，由于在夹杂物上下部脱粘后的裂纹扩展(即继续脱粘)动力最大，而且在夹杂物上下部的局部区域，随着脱粘的扩大，动力也会增大，脱粘扩大后的动力比相同方位下单裂纹的扩展动力还大，因此颗粒的脱粘会优先沿圆周方向发展，但当脱粘扩大到一定范围后，动力会不断减小，同时与外载荷方向接近垂直的高应力区中的应力值会不断增大，从而使得当脱粘动力(模拟裂纹右下端应力)等于反方向的裂纹扩展动力(模拟裂纹左上端应力)时，细观损伤形式就会由脱粘转变为向基体的微裂纹扩展。

3.4　本 章 小 结

本章首先简要介绍了本书编写的多夹杂物数值计算程序的主程序流程、张量的一维数列处理方式、夹杂物及其方位的定义、代数方程组的构造、主要子程序的功能以及数据的输入和输出等内容。

为验证本书所编制等效夹杂物数值计算程序的合理性以及计算结果的有效性，将本书的计算结果分别与具有解析解的简单夹杂物(即球形空洞)计算结果以及受到大家公认的Moschovidis针对单个球形空洞、椭球空洞和发生干涉效应的两个球形空洞、椭球空洞的各应力分量数值计算结果进行了全面的比较。这三个层次的比较、验证的结果说明本书编制的多夹杂物数值计算程序是合理、有效的，可以用于多夹杂物干涉应力场的计算、多夹杂物干涉机制分析及多夹杂物对材料细观损伤演化影响的研究。本书编制等效夹杂物数值计算程序不仅实现了等效夹杂物方法的数值化计算，也为多夹杂物问题的研究提供了一种新的手段，为新方法的评价提供了一种验证的依据。

本章利用多夹杂物数值计算程序，通过对若干富有代表性的多夹杂物构型进行简要而又具有一定系统性的计算和分析来研究多夹杂物间的干涉机制，先后计算了空洞群和裂纹群的应力场，以及多硬质夹杂物的应力场。这些计算结果进一步说明，近距离的夹杂物之间都存在相互干涉，但干涉机制和干涉程度与夹杂物类型、夹杂物方位和夹杂物间的距离有关。

(1)在空洞和裂纹类夹杂物的干涉中，空洞的干涉效应比裂纹的干涉效应更强。在空洞干涉中，增强效应强于屏蔽效应。在裂纹干涉中，屏蔽效应强于干涉效应。另外，存在空洞群，尤其是裂纹群的区域，空洞边缘及裂尖应力显著增加，同时存在大范围的高应力区，因此，空洞长大、裂纹扩展以及裂纹在材料缺陷处萌生的可能性明显增加，这些区域是高危险性区域。

(2)硬质夹杂物引起的应力集中小于空洞类夹杂物引起的应力集中，与此同时，硬质夹杂物周围的应力分布比空洞类夹杂物周围的应力分布复杂得多。硬质夹杂物的干涉机制与空洞及裂纹的干涉机制存在明显的不同。在同样的等效距离下，硬质夹杂物间的干涉弱于空洞类夹杂物间的干涉，但硬质夹杂物发生干涉效应的等效距离略大于空洞类夹杂物。球形硬质夹杂物的干涉机制主要由球心连线与外载荷的夹角决定；椭球硬质夹杂物的干涉机制则不仅与椭球心连线与外载荷的夹角有关，而且与椭球方位有关。与球形硬质夹杂物相比，椭球硬质夹杂物的增强效应和屏蔽效应均更加强烈。

(3)与空洞群和裂纹群不同，球形及椭球形硬质夹杂物(如颗粒增强复合材料中的增强相)的团聚一般不会使发生团聚区域的应力明显增加，因此，增强相团聚造成复合材料容易发生细观损伤的现象主要不是由高应力引起的，而应该是由团聚区域的材料制备缺陷引起的。

(4)硬质夹杂物位于裂纹的扩展路径上时，夹杂物会对裂纹产生屏蔽作用，从而降低裂纹的扩展动力。考虑到材料加工过程中，夹杂物和基体材料的热错配和弹性错配引起夹杂物周围基体材料的强化与微观增韧，因此，夹杂物会改变裂纹的扩展路径，降低裂纹的扩展速率，提高材料的韧性和疲劳强度。

(5)硬质夹杂物最易在垂直于加载方向的上下部发生脱粘，并且脱粘会优先沿圆周方向发展，但当脱粘扩大到一定范围后，动力会不断下降，同时与外载荷方向接近垂直的高应力区中的应力值会不断增加，从而使得当脱粘动力(模拟裂纹右下端应力)等于反方向的裂纹扩展动力(模拟裂纹左上端应力)时，细观损伤形式就会由脱粘转变为向基体的微裂纹扩展。

第4章 颗粒增强铝基复合材料细观损伤实验分析

复合材料具有强烈的结构特征,是一种多相体(基体、增强相或增韧相、界面等)材料。复合材料的宏观性能和损伤失效机理不仅与其组分的性能有关,而且与掺入相的数量、分布、形状以及界面情况等细观结构密切有关。同时,这些细观结构又强烈地受到材料加工工艺的影响,因此研究复合材料细观结构在外加场作用下的响应及其演化(如微空洞、微裂纹的产生、长大和串接等)对于复合材料结构的安全性分析、复合材料的优化设计和加工工艺的改进具有显著的意义。铝基复合材料具有高比硬度、高比强度、高弹性模量及优良的抗氧化性、耐磨性和耐高温性,因此铝基复合材料与镁基复合材料、钛基复合材料一起,被认为是最具前途的金属基复合材料。铝基复合材料是目前研究较多,在航空、汽车等工程领域应用较广的复合材料。本书利用自行制备的二氧化锆(ZrO_2)球形颗粒增强铝基复合材料为研究对象,通过疲劳试验及静载拉伸试验,在细观尺度下观察材料的损伤失效情况。此时,增强相(ZrO_2球形颗粒)就是一种典型的夹杂物,同时便于与数值计算和实验测试结果进行比较分析。

本章主要研究颗粒增强复合材料在外载荷作用下的微结构损伤演化,其中主要关注增强颗粒和微裂纹等微结构的分布、方位、形状、间距对微结构演化的影响,探讨材料的损伤演化机制。

4.1 试样制备及材料性能测试

4.1.1 试样制备

本实验选用法国 Saint Gobain 公司生产的直径为 50μm 的 ZrO_2 球形颗粒为增强相,含量为 20%。基体为 2124 铝合金。材料采用粉末冶金法制备,首先将基体粉末与增强相粉末干混(7h),然后在 450℃下烧结并挤压成直径为 1cm、长约 20cm 的棒料,最后用车床加工成标记段长约 25mm、直径约 5mm 的圆截面拉伸试样。加工好的试样按下列工艺进行热处理:加热到 500℃保温 5min,水淬,再加热到 190℃保温 70min,室温冷却。

4.1.2 材料的微屈服性能及弹性模量测试

本实验采用连续的加载-卸载法测定材料的微屈服性能及弹性模量。应变片为美国威世测量集团公司(Vishay Measurements Group, Inc.)生产的 M-M 牌 EA 系列应变片。试验机为 INSTRON 8502。计算机数据自动采集系统由法国里昂国立应用科学学院(INSA Lyon)材料物理及物理冶金实验室(GEMPPM)研制,如图 4-1 所示。

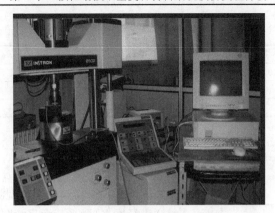

图 4-1　实验系统

材料的微屈服应力（$\sigma_{0.02}$）、屈服应力（$\sigma_{0.2}$）及弹性模量的测试结果见表 4-1，连续加载-卸载曲线，以试样 1 为例，见图 4-2 和图 4-3。其中材料的弹性模量值由卸载线确定。

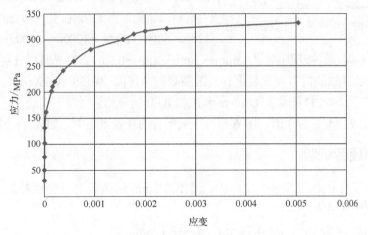

图 4-2　材料的应力-塑性应变关系（试样 1）

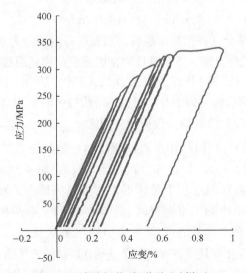

图 4-3　连续加载-卸载线（试样 1）

表 4-1　材料的微屈服性能及弹性模量值

试样	平均直径/mm	材料的微屈服应力($\sigma_{0.02}$)/MPa	材料的屈服应力($\sigma_{0.2}$)/MPa	材料的弹性模量/GPa
1	4.94	225	318	74.89
2	5.01	232	329	76.7
3	4.97	212	未测试	73.2

4.2　复合材料微结构细观观测

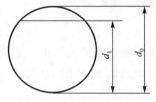

图 4-4　抛光后的拉伸疲劳试样横截面尺寸

对于用于微结构细观观测的试样,在实验前对试样进行抛光(抛光截面尺寸图见图 4-4),得到一个与试样轴线平行的平面,这样就可以在不同的疲劳阶段,从试验机上取下试样,直接在显微镜下观测材料的微结构变化情况,从而克服加载后再抛光而引起的对材料微结构形态的影响。先用砂纸按如下顺序抛光:320#→600#→800#→1200#→2400#→4000#,再用如下粒径的金刚石泥(液)按顺序抛光:6μm→3μm→1μm→0.5μm。抛光时要分别沿与试样轴线垂直的方向和沿试样轴线的方向交替进行。细观观测在德国 ZEISS Axiovert(100A)型和 ZEISS Axioplan 型(带三洋 CCD 摄像头 Camera 和照相机)高倍金相显微镜下完成。显微镜的放大倍数分别为 108 倍、218 倍、540 倍、1085 倍。下列所有细观观测图中,加载方向均为水平方向。

4.2.1　拉伸疲劳试验

拉伸疲劳试样由标记段长约 20mm、直径约 5mm 的圆截面拉伸试样抛光而得。抛光后各试样的横截面尺寸如下。

试样 1:d_0= 4.98mm,d_1=4.39mm,A_1=18.178mm^2。

试样 2:d_0= 4.94mm,d_1=4.66mm,A_1=18.63mm^2。

试样 3:d_0= 4.97mm,d_1=4.61mm,A_1=18.872mm^2。

三个抛光后的试样都分别在微屈服载荷、屈服载荷两级应力水平下进行拉伸疲劳,最后在静拉伸载荷作用下将试件拉断。三个试样的微屈服载荷和屈服载荷均取表 4-1 中的平均值,即 $\sigma_{0.02}$ 取 223 MPa,$\sigma_{0.2}$ 取 323 MPa。选用双高模式加载,在第一阶段疲劳时将疲劳应力幅值的值设为 $\sigma_{0.02}$,疲劳载荷的频率为 5Hz;在第二阶段疲劳时将 HSINE 的值设为 $\sigma_{0.2}$,疲劳载荷的频率为 7Hz。实际疲劳加载时最大载荷会分别比 $\sigma_{0.02}$ 和 $\sigma_{0.2}$ 稍大,最小载荷约为 0.035kN。

对三个试样加载前的材料微结构观测发现,ZrO$_2$ 颗粒与基体材料很少有制备引起的脱粘,颗粒与基体界面结合良好,但有部分颗粒是开裂的(图 4-5(b))或内部有空洞、夹杂等缺陷(图 4-5(d))。部分颗粒的形状不是球形,而呈现椭球形、腰子形、月牙形等。此外,在部分颗粒垂直于试样轴线的上下两极区(图 4-5 中的左右两极)与基体的边界上有大小不等的黑色过渡区,基体中也存在数微米大小的黑斑状颗粒,见图 4-5(a)和(e)。有些颗粒的间距非常小,出现团聚现象,有些甚至是相互联结的,见图 4-5(e)。这与颗粒的制造和复合材料的制备过程有关,值得注意的是这些现象对材料损伤演化有重要的影响。

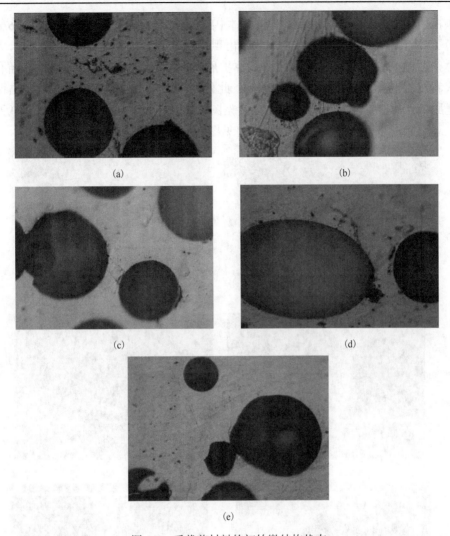

图 4-5　受载前材料的初始微结构状态

　　(1)第一阶段疲劳。在微屈服应力($\sigma_{0.02}$)水平下三个试样分别经过 8.1 万次(试样 1)、10.08 万次(试样 2)、10.21 万次(试样 3)的疲劳循环。在高倍金相显微镜下均未发现颗粒与基体材料的脱粘、颗粒新的开裂或在基体材料中出现微裂纹、微孔洞。

　　(2)第二阶段疲劳。本章的主要目的不是研究材料的疲劳寿命,因此没有对材料做高周疲劳试验。第二阶段疲劳的最大载荷设为 $\sigma_{0.2}$,通过观测材料微结构在高应力水平下的应力响应及其演化来研究夹杂物间的相互影响。在屈服应力($\sigma_{0.2}$)水平下三个试样分别再经过 5.01 万次(试样 1)、8.12 万次(试样 2)、8.3 万次(试样 3)的疲劳循环。在每循环 2 万次左右就拆下试样进行一次细观观察。复合材料在第二阶段的疲劳响应要比在第一阶段明显得多。三个试样在经历了 1 万~2 万次循环后材料微结构的变化主要有两个方面:一是在加载前已开裂颗粒的裂缝端部基体中开始出现裂纹尖端型的屈服区;二是在基体中出现面积较大的塑性应变区,见图 4-6(a)~(d)。在经历了 4 万~5 万次的循环后基体中的塑性应变区更多,也更加明显,同时可以发现非均质颗粒的开裂,在基体的个别地方,尤其是颗粒团聚处甚至会出现微裂纹,另外基体中出现较多的空洞和细小颗粒,见图 4-6(e)～(h)。在经历了 6 万～8 万次的循环后在基体中出现屈服的区域以及开裂的颗粒更多,尤其是非增强体杂质的开裂,并且裂纹开始向基体扩展,在相互靠近的开裂颗粒处已经有微裂纹连接或者屈服区贯通,见图 4-6(i)～(r)。此外,在颗粒与加载方向垂直的左右两极区开始出现脱粘,此时的脱粘主要在杂质处,见图 4-6(s)～(t)。在经历了 8 万～10 万次的循环后,观察到的主要是上述损伤的加剧,见图 4-6(u)～(x),此处不再赘述。

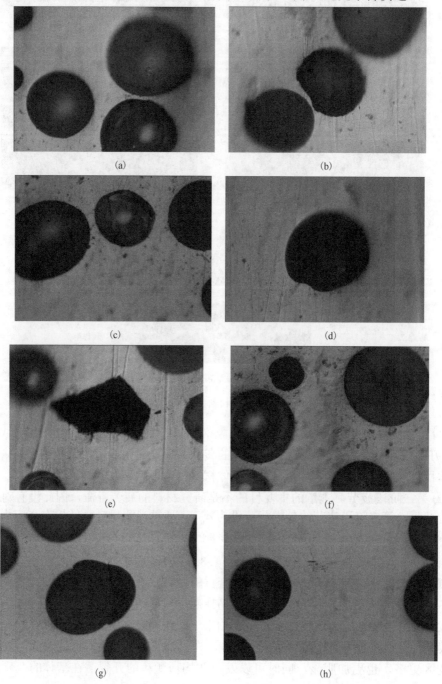

(a)

(b)

(c)

(d)

(e)

(f)

(g)

(h)

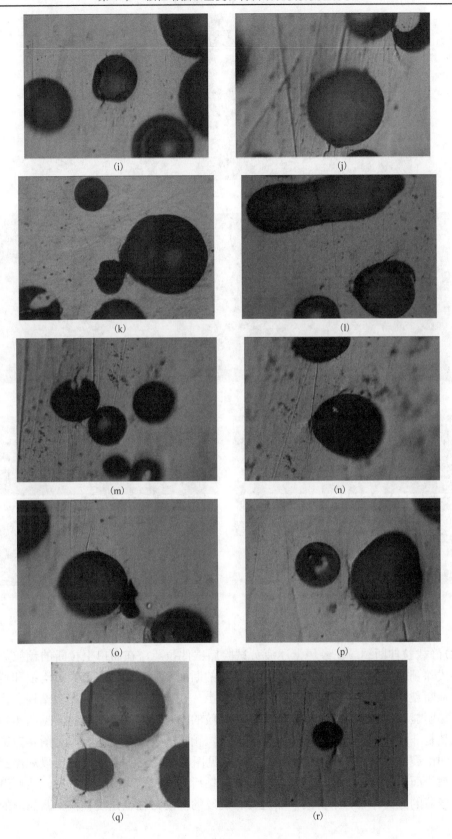

(i)

(j)

(k)

(l)

(m)

(n)

(o)

(p)

(q)

(r)

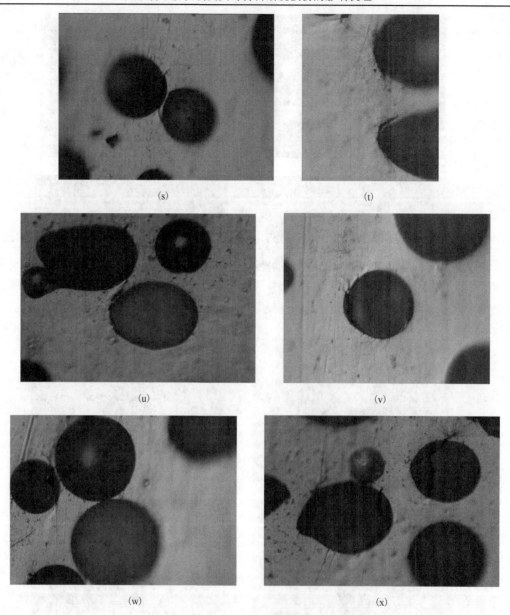

(s)　　　　　　　　　　　　　(t)

(u)　　　　　　　　　　　　　(v)

(w)　　　　　　　　　　　　　(x)

图 4-6　拉伸疲劳后材料的细观损伤及其演化

（3）静载拉伸断裂。在经历上述疲劳试验后试件拉断，在断口上拉断的颗粒数量与从基体中拔除（脱粘）的颗粒数量相当；断裂颗粒的断面平整，断面上有大量沟痕和裂纹，显现出脆性断裂的特点；试样断裂后，在抛光面上，在疲劳阶段观察到的微结构变化更加丰富、更加明显。基体的屈服区域更大，微小颗粒的凸起和凹陷更加明显，见图 4-7(a)；颗粒，尤其是非均质颗粒、异形颗粒的开裂更多，颗粒的脱粘更加明显，见图 4-7(b)～(e)；颗粒之间由裂纹或屈服区连通的情形更普遍，见图 4-7(f)～(h)。另外，可以观测到更多的颗粒脱粘，而且可以更加明显地观测到颗粒脱粘后的裂纹首先沿界面扩展，然后沿大致垂直于外载荷的方向在基体中扩展，靠近颗粒裂纹的扩展路径也是绕颗粒呈圆弧形的。

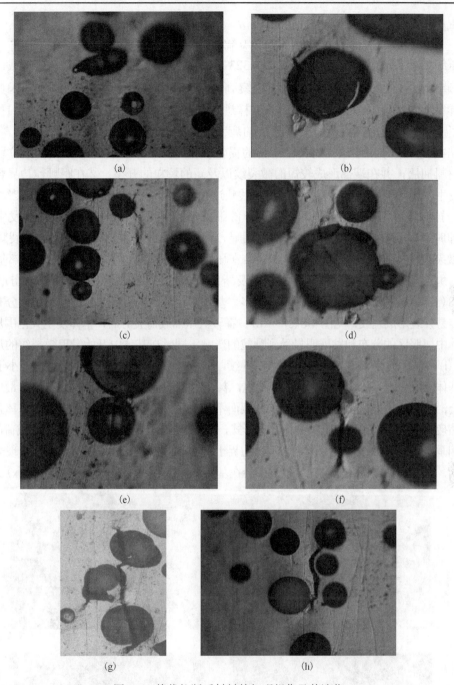

图 4-7　静载拉断后材料的细观损伤及其演化

4.2.2　压缩疲劳试验

试样尺寸如下。

试样 1：h=13.23mm，d_0 = 8.26mm，d_1=7.92mm，A_1=52.835mm^2。

试样 2：h=13.77mm，d_0 = 8.55mm，d_1=7.65mm，A_1=54.192mm^2。

试样 3：h=11.23mm，d_0 = 7.08mm，d_1=6.52mm，A_1=37.91mm^2。

三个抛光后的压缩疲劳试样分别在从微屈服载荷到超出屈服载荷的多种应力水平下进行压缩疲劳（$\sigma_{0.02}$ 取 223 MPa，$\sigma_{0.2}$ 取 323 MPa）。选用双高（HP-High）模式加载，疲劳载荷的频率为 5～7Hz。压缩疲劳加载下观察到的微结构演化比拉伸时缓慢得多，因此，一般在试样循环 5 万～10 万次后，才卸下试样进行阶段性的微结构演化观测。试样 1～3 分别进行了 112 万次、65.7 万次、75.5 万次的疲劳循环。

从类型上看，压缩试样材料微结构的损伤演化主要有三种形式：①开裂颗粒裂缝端部基体材料屈服，并在端部形成较短的微裂纹以及新的颗粒的开裂；②在距颗粒边界数微米的基体发生围绕颗粒的环状开裂；③基体中线状连续分布的细小黑斑容易开裂形成裂纹。

与拉伸疲劳相比，试样在压缩疲劳下的细观结构演化有以下特点：损伤的发生明显晚于拉伸时，而且损伤的演化不如拉伸时明显，尤其是颗粒的脱粘很少发生，开裂颗粒裂缝端部微裂纹的扩展很小；从演化过程看，在压缩应力状态下，开裂颗粒裂缝端部基体材料屈服，并在端部形成较短的微裂纹，以及新的颗粒的开裂仍是最早发生的损伤形式，见图 4-8(a) 和(b)；颗粒状的突出微粒非常多，基体中接近与外载荷平行的线状连续分布的细小黑斑容易开裂形成裂纹，见图 4-8(c)～(h)；在较大压缩载荷疲劳后，基体发生大范围屈服，此时基体中屈服区的分布和发展明显受到颗粒的影响，同时在基体中开始发现微裂纹的形成，见图 4-8(i)～(m)；随着载荷的增加和疲劳的继续，在颗粒尤其是颗粒周围数微米（估计小于 10μm）内的基体却没有与基体变形协调的屈服表现，甚至基本不屈服，见图 5-8(n) 和(o)；最后阶段，基体会沿颗粒周围发生围绕颗粒的环状开裂而不是脱粘，说明黏结面的强度大于基体强度，这是压缩疲劳下发生最多、影响最大的损伤形式，见图 4-8(p)～(s)；另外，由于外载荷的特点，增强相垂直于试样轴线的左右两极与基体边界上的偏聚区很少开裂（脱粘），而是出现表征屈服的皱褶，而且即使偏聚区发生碎裂也很少会在基体中扩展形成裂纹，见图 4-8(t)～(x)。

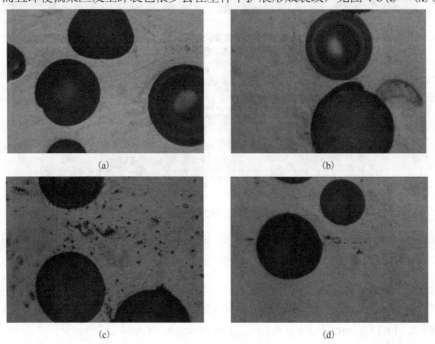

(a)　　　　　　　　　　　　　　　　　(b)

(c)　　　　　　　　　　　　　　　　　(d)

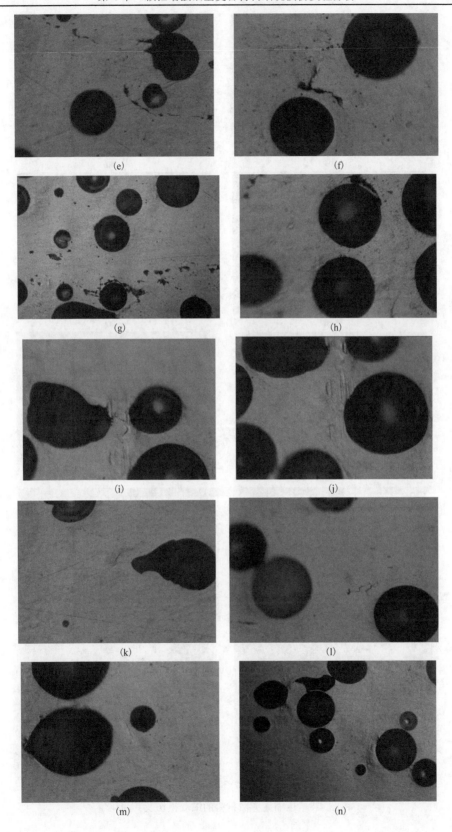

(e)

(f)

(g)

(h)

(i)

(j)

(k)

(l)

(m)

(n)

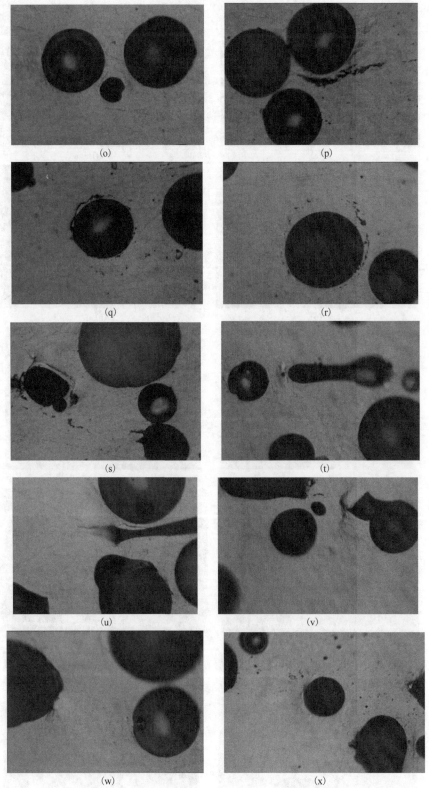

图 4-8　压缩疲劳后材料的细观损伤及其演化

4.3　细观观测结果讨论

　　本章采用粉末冶金法制备 ZrO_2 颗粒增强铝基复合材料的界面结合良好,但在试样材料制备中,由于颗粒粉体和基体粉体不纯净,以及制备工艺的限制,带入的或生成的杂质会在颗粒垂直于试样轴向(也就是材料制备时的挤压方向)的两极区域偏聚形成一个局部的增强颗粒与基体间的过渡带,也会在基体中形成数微米大小、形状各异的杂质,而且这些杂质常常呈线状分布。由于颗粒尺寸较大且多为球形,颗粒团聚的情况不多,但存在一定数量的开裂颗粒。有些颗粒也不是均质的,在其内部可以观测到大小不等的异性体和空洞等缺陷。

1. 本实验观察到的主要损伤形式及其演化

　　试样受载后,首先出现的细观损伤是在开裂颗粒的裂缝与基体结合处产生屈服区,这些出现屈服区的开裂裂缝与外载荷的方向接近垂直(拉伸试样)或者平行(压缩试样);然后出现新的颗粒的开裂,并在开裂端部的基体中形成屈服区。对于受拉伸的试样,接着颗粒会在有杂质偏聚的上下两极区发生脱粘现象,并且脱粘会沿颗粒与基体的边界延伸,再沿与外载荷大致垂直的方向向基体扩展,从而在基体中形成微裂纹。对于受压缩的试样,脱粘现象较少见,而是在接近屈服应力加载水平下,经高周疲劳(50 万次)后通过接近与外载荷平行的线状连续分布的细小黑斑的开裂并相互串接,从而在基体中萌生微裂纹。无论拉伸试样还是压缩试样,发生开裂的颗粒主要是内部有杂质和孔洞等缺陷的颗粒,其次是形状不规则,尤其是有尖角的颗粒。在没有邻近颗粒影响的情况下,微裂纹和屈服区将沿着与外载荷接近垂直的方向扩展。对于拉伸试样,裂纹在基体中的长距离扩展沿距颗粒数微米的曲线和开裂颗粒的裂缝进行,并最终形成断裂面。对于压缩试样,有两种扩展路径:在细观损伤的中后区,裂纹会在基体中围绕颗粒,沿距颗粒数微米的弧线进行长距离扩展,并最终使颗粒与基体脱开;在材料失效前,也会发生与拉伸受力状态相似的沿距颗粒数微米的曲线和开裂颗粒的裂缝进行的长距离扩展。压缩试样在超过屈服应力的疲劳载荷作用下会在基体中出现大范围的屈服区,但在颗粒周围数微米内基体的屈服明显小于远离颗粒的基体的屈服,甚至是不屈服。

　　一般认为颗粒的团聚对材料的损伤是十分有害的。从大量细观损伤观测结果看,如果颗粒没有缺陷并且颗粒与基体结合良好,则在这样的颗粒团聚的局部区域也很少观测到脱粘、局部高应变区、基体微裂纹等细观损伤的衍生和演化。这与第 3 章利用数值计算获得的结果是吻合的,即硬质夹杂物的干涉效应明显弱于空洞和裂纹的干涉效应,多硬质夹杂物区域的应力提高并不明显。因此,虽然与单个颗粒相比,颗粒团聚区域发生细观损伤的比例更大,但主要原因并不是颗粒之间的干涉效应,而是颗粒的团聚使得颗粒界面杂质偏聚和团聚区基体上的细小夹杂物增多等材料制备缺陷。

　　对于塑性材料存在的微空洞、位错和变形局部化带等细观损伤形式,由于观测手段的限制,本书没有进行专门的观测和损伤演化研究。

2. 主要细观损伤元的形成机理及颗粒间的干涉机制对其演化的影响分析

从前面的实验观测结果可以发现，在细观尺度下，颗粒增强复合材料的主要损伤演化过程仍然是一个微裂纹的衍生和扩展的过程。因此，分析微裂纹的衍生机理以及颗粒等材料细观结构和屈服区等损伤元对微裂纹扩展的影响机制无疑应成为研究材料细观损伤的关键和要点，对材料的制备具有一定的指导意义。

(1) 微裂纹的来源。微裂纹衍生主要来自：①开裂颗粒(包括非增强相夹杂物)端部；②颗粒的脱粘(拉伸状态)或基体中线状分布细小夹杂物的脱粘(压缩状态)。根据第 3 章的数值计算结果，在微裂纹(即颗粒的裂缝)的尖端存在高应力区。另外，在增强相垂直于外力方向的左右两极区域的应力明显高于基体的应力，是整个夹杂物周围的一个高应力区。与此同时，在增强相的左右两极区域(轴线方向)会在材料制备时因液态(或半液态)材料的流动受限而偏聚杂质，使得在这两个区域颗粒与基体的黏结强度显著降低。因此，拉伸状态时就容易在这两个区域发生脱粘。非增强相夹杂物由于强度较低，受力后很容易开裂而形成微裂纹或微空洞。可见，诱导微裂纹衍生的动因来自于高应力(应变)与材料制备缺陷的联合作用。此外，颗粒之间的干涉效应(屏蔽效应和增强效应)对微裂纹的衍生也会产生一定的影响。

(2) 微裂纹的扩展。相比之下，颗粒之间的干涉效应对微裂纹扩展的影响更加明显。首先，在实验中观测到裂纹增强干涉效应(图 4-6(q) 的裂缝和图 4-6(t) 的脱粘裂纹)和颗粒增强效应(图 4-8(j) 和(n))。裂纹和颗粒由屈服区连通，从而预示了裂纹今后的扩展方向，见图 4-7(e)~(g)、图 4-6(s) 和(u) 中的脱粘与裂缝。此外，在实验观测中较少看到球心连线与外载荷接近垂直的颗粒间存在屈服区核心的颗粒开裂，说明硬质颗粒在这个方位上应该存在屏蔽效应。其次，在裂纹与颗粒这两类不同夹杂物的干涉方面，从颗粒脱粘的发展和裂纹在基体中的扩展可以看出，颗粒脱粘后不是沿与载荷垂直的方向向基体扩展而是沿界面继续脱粘，25°~35° 才开始向基体扩展形成基体裂纹，见图 4-7(e) 和(f)，以及图 4-6(s)、(u)、(v)。这说明在脱粘裂纹与颗粒屏蔽效应的作用下，裂纹在垂直于外力方向的扩展动力小于扩展阻力，而沿环向的扩展则正好相反。当脱粘扩大到 25°~35° 后，虽然裂纹端部的应力有所下降，但同时裂纹与颗粒间的屏蔽效应减弱得更多，因此裂纹在垂直于外力方向的扩展动力大于扩展阻力，从而使裂纹开始向基体扩展。实验观察到的这一现象与第 3 章利用数值计算模拟脱粘得到的结果是基本吻合的。另外，裂纹在基体中的长距离扩展路径(图 4-7(f)~(g))一般都是源于颗粒的裂缝，呈弧线绕过颗粒，并连接其他开裂颗粒的裂缝，可见裂纹的扩展路径也是源于高应力区、穿行于高应力区，并不断连接高应力区。这与利用数值计算获得的应力场也相当吻合。

(3) 颗粒的开裂位置与颗粒裂缝端部的屈服区及其基体微裂纹的衍生方位。通过对大量的开裂颗粒的观察发现两个现象：一是颗粒的开裂基本不会发生在垂直于外载荷的直径平面，而是在距左右端部 1/6~1/4 直径的垂直于外载荷的截面，这与硬质夹杂物的应力分布有关。根据第 3 章利用数值计算的结果，硬质夹杂物的应力分布可分为三个区域：左右两极的高应力区、距左右两极约 45° 的最大应力区和上下两极的低应力区。可见，等效夹杂物数值计算的结果与颗粒的损伤现象联系密切。二是开裂颗粒裂缝端部的屈服区分布不同。按照数值计算的结果，屈服区应该在裂缝端部两个 45° 方向形成，如图 4-6(r) 所示，然而，绝大多数裂缝端部的屈服区及其基体微裂纹的衍生方位都只在一个 45° 方向上出现，而且都是偏向左右两极的 45° 方向，如图 4-7(i)、(q)、(s)、(u) 所示。这一现象应该不是偶然的，而是颗粒对屈服区和微裂纹发生屏蔽效应的结果。

(4) 压缩疲劳下发生最多、影响最大的损伤形式是基体沿颗粒周围发生围绕颗粒的环状开裂，而不是脱粘，其原因是 ZrO_2 颗粒和基体材料存在刚度错配与热膨胀错配，因此试样材料的制备工艺会引起颗粒周围的基体材料发生塑性变形和应变强化，使这一区域的材料强度高于基体中其他区域的强度。因此，在挤出力的作用下，压缩试件表面的颗粒发生环状开裂，同时这说明黏结面的强度大于基体强度。当然，基体沿颗粒周围发生围绕颗粒的环状开裂这样的损伤形式只会发生在试件的表面层区域。

最后，需要说明的是，Baruchel 等利用计算机断层扫描技术对二氧化硅颗粒增强铝基复合材料的细观损伤研究结果表明，复合材料表层的损伤要比芯部的损伤严重。因此，虽然本章的研究结果并不能代表整个试样的损伤情况，但损伤衍生和演化的类型与机制则是基本相同的。

4.4　本　章　小　结

本章以由标称直径为 50μm 的 ZrO_2 球形颗粒增强的 2124 铝基复合材料为研究对象，首先通过实验测定其微屈服应力 ($\sigma_{0.02}$) 和屈服应力 ($\sigma_{0.2}$) 值，然后设置从微屈服应力到屈服应力的不同疲劳应力水平，并观测了在每级应力水平下，试件经历不同的疲劳循环后发生的细观损伤及其演化情况。先后完成了 3 个拉伸试样的拉伸疲劳试验和静载拉伸试验以及 3 个压缩试样的压缩疲劳试验，并通过大量的细观观测照片细致研究了以下 3 个方面的问题：

(1) 颗粒增强复合材料细观损伤的主要类型及其衍生机理。

(2) 以颗粒的开裂、颗粒的脱粘、基体中的屈服区以及微裂纹在基体中的扩展为对象，观测了颗粒增强复合材料的细观损伤演化规律，研究了微裂纹之间、微裂纹与颗粒之间、颗粒与颗粒之间的干涉机制及其对材料细观损伤演化的影响。

(3) 将单个颗粒的开裂位置、开裂端部屈服区和微裂纹方位以及颗粒的脱粘和微裂纹扩展等实验观测到的细观损伤的衍生和演化规律与第 2 章的等效夹杂物方法数值计算结果进行比较分析，深入研究细观损伤的衍生机理和演化机制。

(4) 利用实验观测到的细观损伤现象进一步验证了本书编写的等效夹杂物方法数值计算程序的合理性和有效性。

第 5 章　数字实时全息干涉实验

光学测试方法具有非接触性、无损性、全场性、高灵敏度性和高精度性等特点，因此，利用光学进行精密测试一直是计量测试技术领域的重要方法。在近代科学研究和高技术发展领域，由于很多构件采用新型复合材料制造、几何尺寸复杂、在多场(高(低)温、高压、强磁场、强辐射、动载荷和腐蚀性环境等)耦合作用的极端工况下工作，所以构件及其材料的损伤演化规律、失效机制、承载能力、剩余寿命的确定，在理论计算和分析上面临更多的困难，需要在跨越宏观、细观、微观的多尺度领域进行研究。而要在这些新领域建立反映材料损伤演化和失效内在规律的新理论，没有大量的实验资料的积累和分析是不可能的。这就对跨越时间和空间多尺度的新实验方法与技术提出了先导性、基础性的迫切要求。随着激光技术、计算机技术和数字图像处理技术的发展，实现全息干涉、散斑干涉、云纹干涉为代表的现代光学测量技术的数字化，以适应现代科学研究和工业技术提出的高灵敏度、高效率、自动化的测试要求，实现计量上的三维性、实时性和相关性，完成跨越时间和空间多尺度的研究与分析工作，为精密测试领域建立新的测试技术开辟了一条途径。

本章首先介绍数字全息技术的原理和研究现状，在此基础上改进传统 4f 系统，设计数字全息光路，并编制相应的数字图像处理程序，最后就传统全息测量结果与本章设计的数字全息测量系统的测量结果进行比较。

5.1　全息技术发展概要

全息的概念早在 1948 年就由英籍匈牙利科学家 Gabor 提出，全息就是在记录介质上同时记录物体的振幅和相位的全部信息。到目前为止，全息技术的发展可大致分为三个阶段：第一个阶段是 1948～1960 年的全息技术创立阶段，全息技术的基本理论和采用汞灯照明及再现的同轴全息方法就是在这一时期建立的，它为全息技术的发展奠定了坚实的理论基础。第二个阶段是在 20 世纪 60 年代，由于具有良好相干性和高亮度激光光源的出现以及为解决同轴全息图中"孪生像"的问题，Leith 和 Upatnieks 提出离轴全息方法，从而获得了激光记录、激光再现，同时更加清晰的第二代全息图。全息技术在这一时期得到了迅速的发展，相继提出了多种全息方法，并开始在全息干涉计量、信息处理、全息光学元件等领域得到应用。第三个阶段是 20 世纪 70 年代至今，在这个时期，从全息图类型来看，出现了激光记录、白光再现的彩虹全息图，并在防伪领域得到了广泛的应用。从全息图的生成和处理方式看，全息图从激光生成、化学记录、光学再现(传统光学全息)，逐步发展到了激光生成、数字记录、数字或光电再现(数字全息)，甚至全息图直接由计算机模拟生成并存储、然后由数字或光电再现(计算全息)。目前，全息技术已经得到迅速的发展和广泛的应用，渗透到了人们的生产、生活和各种工业与科技领域，成为科学研究和工程检测的有力工具。

5.2　数字全息技术

1967 年，Goodman 和 Lawrence 用光电显像管采集全息图，并用计算机再现全息图，提出了用光敏电子元件代替传统照相记录介质记录全息图，然后用数字计算方式将其再现的数字激光全息思路。1971 年，Huang 在一篇综述文章中介绍当时将计算机技术应用于波场合成分析所取得的进展，首次正式提出了"数字全息"这一术语。但此后相当长一段时间内，由于计算机技术和电子成像技术的制约，数字再现全息图一直没有得到理想的结果和广泛的应用。德国 Schnars 和 Jüptner 于 1994 年首次通过电荷耦合器件(charge coupled device，CCD)摄像机成功获得了全息图。近年来，随着计算机和以 CCD 为代表的电子图像传感器件性能的逐步提高，数字全息技术才得到了较快的发展。

数字全息的概念是相对于光学全息并针对其不足而提出来的，是全息术、计算机技术及电子成像技术相结合的产物。它依然基于光学全息记录理论，但以 CCD 摄像机等电子成像器件作为记录介质获取全息图，并将其存入计算机，然后用数字方法来对此全息图进行再现，从而摒弃了传统光学全息记录和再现的不足，省去了光学全息术中必需的曝光、显影等物理化学处理过程，降低了对光学设备和实验技能的要求，使整个记录和再现过程都数字化，更加有利于实现实时化。相对于光学全息术，数字全息术有以下优点：利用电子图像采集系统获得全息图的数字图像，使再现过程简化，再现周期缩短，可实现实时化。计算机技术和数字图像处理技术的引入使记录与再现过程完全数字化，因此可以很方便地加入数学处理方法，消除像差、噪声以及干板特性曲线的非线性等因素带来的影响，提高全息图的质量。数值再现全息图得到的是物场的复振幅分布，同时可得到物体振幅和相位灰度图像，方便地实现真正意义上的加减两个或多个全息图、增减背景图像、叠加图像等操作，这些在光学全息术中是很难实现的，因此，数字全息术的实用性更强，应用前景也更加广阔。

当然，目前数字全息术的发展也面临两个主要的硬件问题：一是现有的电子成像器件的分辨率相对传统全息记录胶片来说还非常低。例如，常用的银盐干板的分辨率可达 5000 线/mm，可记录全息图的物光与参考光夹角为 $0° \sim 180°$；而一般 CCD 的分辨率不超过 300 线/mm，从而使得其所能允许的物光与参考光的夹角非常有限，通常是 $1°$ 左右。二是由于 CCD 有限的像素数和尺寸的影响，再现像在视场中的大小和清晰程度都受到了制约。在数字全息中，只能采用小的物光与参考光夹角的数字同轴全息系统作为基本的全息记录系统。

5.3　数字全息干涉术的基本理论

5.3.1　传统全息的二次曝光法的基本原理

数字全息干涉术是基于传统全息干涉术形成的。传统全息干涉术分为两步：波前记录和波前再现。两次曝光法是分别对物体在某一状态下的原始物光波(相当于标准波面)和状态变化后的物光波(相当于被测波面)进行曝光，记录在同一张全息底片上，即波前记录。底片经曝光、显影、定影等处理后，全息干板也就具有特殊的光栅结构。在原参考光照射下同时再现上述两个物光波面，即波前再现。由于这两个波面是相干的，可以观察到它们之间产生的干涉条纹，这些干涉条纹也就表征了两种状态之间物体的变化情况。

1. 波前记录

假设到达全息图平面的光波分别如下。

初始状态下物光波的复振幅分布：

$$O(x,y) = O_0(x,y)\exp[\mathrm{i}\varphi_0(x,y)] \tag{5-1}$$

参考光波的复振幅分布：

$$R(x,y) = R_0(x,y)\exp[\mathrm{i}\varphi_R(x,y)] \tag{5-2}$$

相位型物体发生变化时，相应物光波的振幅不发生变化，仅仅是相位发生变化，则物场发生变化后的复振幅分布可表示为

$$O_1(x,y) = O_0(x,y)\exp[\mathrm{i}\varphi_1(x,y)] \tag{5-3}$$

由此可得在初始状态和待测状态下到达全息干板的曝光光波分别为

$$A_1 = O + R, \quad A_2 = O_1 + R$$

如果每次曝光的时间均为 t，则两次曝光后，总的曝光量为

$$
\begin{aligned}
E &= (A_1 A_1^*)t + (A_2 A_2^*)t \\
&= (O_0 + R)(O_0 + R)^* t + (O_1 + R)(O_1 + R)^* t
\end{aligned} \tag{5-4}
$$

两种状态下物光波复振幅相叠加后，全息底片上总的光强分布为

$$I = |O_0|^2 + |O_1|^2 + 2|R|^2 + R^*(O_0 + O_1) + R(O_0 + O_1)^* \tag{5-5}$$

2. 波前再现与干涉检测

在线性记录条件下，全息图的振幅透射系数 T 与曝光量成正比：

$$
\begin{aligned}
T &\propto t|O + R|^2 + t|O_1 + R|^2 \\
&= t(O_0^2 + R_0^2) + tO_0 R_0 \exp[\mathrm{i}(\varphi_0 - \varphi_R)] + tO_0 R_0 \exp[-\mathrm{i}(\varphi_0 - \varphi_R)] \\
&\quad + t(O_1^2 + R_0^2) + tO_1 R_0 \exp[\mathrm{i}(\varphi_1 - \varphi_R)] + tO_1 R_0 \exp[-\mathrm{i}(\varphi_1 - \varphi_R)]
\end{aligned} \tag{5-6}
$$

因此，当用参考光波照明再现时，再现光波的复振幅为

$$
\begin{aligned}
A &= R(x,y)T \\
&= t(O_0^2 + R_0^2)R_0(x,y)\exp(\mathrm{i}\varphi_R) + tO_0 R_0^2 \exp(\mathrm{i}\varphi_0) + tO_0 R_0^2 \exp[-\mathrm{i}(\varphi_0 - 2\varphi_R)] \\
&\quad + t(O_1^2 + R_0^2)R_0(x,y)\exp(\mathrm{i}\varphi_R) + tO_1 R_0^2 \exp(\mathrm{i}\varphi_1) + tO_1 R_0^2 \exp[-\mathrm{i}(\varphi_1 - 2\varphi_R)]
\end{aligned} \tag{5-7}
$$

式中，第一、四项是零级波（直射光）；第二、五项是正一级波（原始像）；第三、六项是负一级波（共轭像）。

式(5-7)给出了重建光照明全息图时透过全息图的光波结构。对于菲涅耳衍射全息，若

物体在全息图前距离 d 处，透射光经距离 d 的衍射后，负一级波将形成物光场的实像，于是，在实像平面位置放置接收屏，便能看到形变前后物光场的干涉图实像，或者逆着衍射光方向透过全息图，将能在全息图前方距离 d 处看到由正一级波形成的物光场的干涉的虚像。根据干涉条纹的分析，便能实现相关物理量的检测。

显然，当到达全息图的是物光场实像时，如果能够从透射光中分离出正一级或负一级波，并让它们进行干涉，也能得到物体形变信息。例如，单独考虑原始像，其复振幅为

$$A = tO_0 R_0^2 \exp(i\varphi_0) + tO_1 R_0^2 \exp(i\varphi_1) \tag{5-8}$$

由于在两个状态下的曝光时间相同，物光的振幅相同，不考虑曝光时间，则

$$A = O_0 R_0^2 [\exp(i\varphi_0) + \exp(i\varphi_1)]$$

再现光原始像的光强为

$$
\begin{aligned}
I(x,y) &= A \cdot A^* \\
&= O_0 R_0^4 \{2 + \exp[i(\varphi_1 - \varphi_0)] + \exp[-i(\varphi_1 - \varphi_0)]\} \\
&= 2O_0^2 R_0^4 [1 + \cos(\varphi_1 - \varphi_0)]
\end{aligned} \tag{5-9}
$$

由式(5-9)可以看出，合成后的光强分布受条纹图样 $2[1 + \cos(\Delta\varphi)]$ 的调制，$\Delta\varphi = \varphi_1 - \varphi_0$ 为变化前后物光波的干涉相位差。暗条纹是 $\Delta\varphi$ 等于 π 的奇数倍时的等值线，而亮条纹是 $\Delta\phi$ 等于 π 的偶数倍时的等值线。

在全息检测中，干涉条纹由相位差决定，而相位差又是由待测物理量(位移、应力、应变、温度、压力、密度等)的改变引起的，因此，干涉条纹反映了物场某种属性的变化。借助于对干涉条纹的判读与计数就可以研究被测的物理参数。因此，全息干涉法的主要内容是研究条纹图的形成、条纹的定位以及对条纹图的解释。其关键就是获得稳定清晰的干涉条纹图像，并合理解释干涉条纹与被测变量间的关系。就物体的变形测量而言，对于具有漫反射表面的不透明物体，条纹图表示物体沿观察方向的等位移线；对于透明的光弹性模型(如有机玻璃)，条纹图则表示模型中主应力之和等于常数的等和线。要进行待测物理量的计算，就必须建立相位差与待测量之间的定量关系。

事实上，当全息图放置在待测物体的像平面时，不通过一定距离的衍射，从传统的二次曝光全息的透射波中分离出物光场或共轭物光场非常困难。因此，实际检测时全息图直接记录来自物体的衍射波，通过适当的参考光与物光夹角的设计，让零级及正负一级衍射光经一定距离的传播后在空间分离。全息图放置在待测物体的像平面的检测只能通过数字全息实现。

5.3.2 数字全息干涉术的记录与再现

数字全息干涉术的基本理论仍然沿袭传统光学全息干涉的思想，只是先后记录的多个物光波前并不是记录在一张全息干板上，而是由 CCD 记录，并分别存储于计算机中。

计算机数值模拟二次曝光法再现全息图有两种方法。第一种方法与传统全息干涉术相类似，在两个不同时刻(物体发生变化前后)对物体做两次全息记录，得到物体的两幅全息图，叠加后得到类似光学方法中的二次曝光全息图。对叠加的全息图进行再现后，不同时

刻记录下的两个再现像叠加在一起，发生干涉。第二种方法是数字全息术所特有的，即先分别对不同时刻记录的两幅全息图进行数值再现，得到其各自的复振幅分布，然后对解调出的相位进行相减运算。对于相位型物体，调制的是物光的相位，因此，物光相位的改变直接体现物场的变化情况，通过相位差也就得到表示物体形变大小的全息干涉图。本章采用的就是第二种方法。

1. 数字全息的数学模型

为不失一般性，首先让 CCD 不在物体的像平面，对常用的二次曝光菲涅耳数字全息进行讨论。

图 5-1 中物体位于 $x'oy'$ 面，与全息平面 (xoy) 的距离为 d'，物光的复振幅分布为 $u(x', y')$；$i_H(x, y)$ 是物光和参考光在全息面上的干涉强度分布。CCD 就是位于全息面上，接收光信号并将其转换为数字信号。$\eta o\xi$ 平面是数值再现时的成像平面，成像面与全息面间的距离设为 d。$u'_d(\eta, \xi)$ 为再现像的复振幅分布，即同时包含再现像的强度和相位分布。

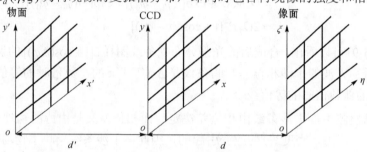

图 5-1 数字全息图的记录与再现的构成和坐标系

2. CCD 参数对记录条件的限制

根据 Whittaker-Shannon 采样定理可知，在记录数字全息图时，为准确恢复干涉强度分布函数，全息图光栅结构的空间周期必须大于记录介质的空间周期，为了准确恢复干涉强度分布函数，每一个干涉条纹周期必须占据 CCD 靶面两个以上的像元。设干涉条纹在水平和竖直方向的周期分别为 δ_x、δ_y，CCD 像元在水平和竖直方向的尺寸分别为 Δ_x、Δ_y，则有

$$\delta_x \geq 2\Delta_x, \quad \delta_y \geq 2\Delta_y \tag{5-10}$$

在实际情况下，一般 CCD 像元在水平和竖直方向的尺寸是相同的，即 $\Delta_x = \Delta_y$。以下以水平方向为例，讨论 CCD 像元尺寸对记录条件的限制。

物光和参考光夹角的选取要考虑频谱分离条件与 Whittaker-Shannon 采样定理两个条件，即干涉条纹间距必须大于 CCD 像元尺寸的 2 倍。如果物光和参考光夹角过小，则条纹比较稀疏，不能满足频谱分离条件，即频谱的±1 级和直流分量会发生重叠，再现像噪声比较大；如果物光和参考光夹角过大，则条纹比较密集，可能会超过 CCD 的极限分辨率，从而不能满足 Whittaker-Shannon 采样定理。

在 CCD 靶面上，干涉条纹的空间频率由物光与参考光的夹角决定，最小条纹周期 δ_{min} 对应最大物光与参考光夹角 θ_{max}，且有

$$\delta_{\min} = \frac{\lambda}{2\sin(\theta_{\max}/2)} \tag{5-11}$$

当最小条纹周期$\delta_{\min}$满足式(5-11)时，可以准确恢复干涉强度分布函数。

由于在 CCD 记录条件下，物光与参考光夹角一般很小，故$\sin\theta=\theta$，由此可得物光与参考光夹角为

$$\theta \leqslant \frac{\lambda}{2\Delta_x} \quad \text{或} \quad \theta_{\max} = \frac{\lambda}{2\Delta_x} \tag{5-12}$$

例如，当激光波长λ=0.6μm 时，若 CCD 的像元尺寸为 5～10μm，所能记录的物光与参考光夹角则在 3°左右。

3. 频谱滤波及数字实时全息测量的实现

理论研究已经证明，适当选择物光和参考光的夹角，对 CCD 记录的数字全息图进行傅里叶变换后，可以利用频谱滤波技术，将零级直透光和共轭光在频谱中对应的部分消除，就可以通过菲涅耳衍射运算重建物光场实像。通常成像目标的频谱分布比较集中，主要分布在载波频率附近，而各种噪声的频谱分布则比较均匀。因此，频谱滤波应选择大小、形状、透过率适宜的滤波窗口，既能让物体高频信息通过，又能最大限度地滤掉噪声。

显然，当 CCD 放置在物体的像平面时，只要通过上述频域滤波操作，提取物光频谱，通过傅里叶逆变换就能直接得到物光场的像。在计算机内直接进行物体形变前后像光场的干涉，便能实现两次曝光数字全息检测。不难想象，基于两次曝光数字全息的基本原理，当选定一个初始状态作为参考后，通过 CCD 记录不同时刻来自物体的信息，便能实现数字实时全息测量。以下介绍本书研制的检测系统。

5.4　传统 4f 系统的改进及数字实时全息测量的实现

传统 4f 系统在相干光学处理中有着广泛的应用。该系统由两个傅里叶变换物镜 L_1 和 L_2 组成，其基本特点是：系统的输入面与 L_1 的前焦面重合，输出面与 L_2 的后焦面重合，频谱面位于 L_1 的后焦面和 L_2 的前焦面重合处。对于一个物函数，经过两次傅里叶变换后仍可以得到原函数，只是函数的坐标发生了倒置。使用传统 4f 系统进行数字全息测量时，物体及 CCD 分别放置于 4f 系统的前后焦面。实验研究中，向 CCD 引入参考光，通过从 CCD 记录的物光场像与参考光干涉图像中获取物光的信息，研究物体形变前后物光场像的干涉图像，便能实现检测。

然而，使用传统 4f 系统进行上述检测时，如果要充分利用 CCD 获取物光信息，透镜 L_1 和 L_2 的焦距比必须与物体和 CCD 尺寸比相一致。本书所进行的许多实验是对含有多个孔洞和裂纹试样的测量，利用数字全息测量多夹杂物间的应力场，此时被测量区域的尺寸与 CCD 面阵尺寸有较大差异，而且不同试样的待测区域尺寸也有很大的不同，因此，使用固定焦距比的 4f 系统很不方便。

为实现透明板材在横向力作用下变化应变场的测量，在传统 4f 系统中插入一面负透

镜，设计一个横向放大率可以方便调整的数字实时全息测量系统。系统的另一个特点是可以通过元件位置的调整，不一定让物体放置在第一面透镜的前焦面，显著方便了实验调整工作。图 5-2 给出横向放大率为 0.1 时测试系统及各元件位置的光路。基于所设计的数字实时全息测量系统获得接近传统实时全息的干涉图质量，基本满足测量要求。以下对该系统的原理进行介绍。

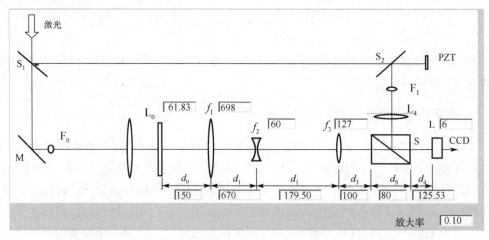

图 5-2　数字实时全息测量系统原理图(单位：mm)

5.4.1　等效 4f 系统

图 5-3 是本书设计的 4f 系统原理图。图中，被测量物体用实心粗箭头表示，用空心圆圈示出未插入负透镜 L_2 时右方焦点位置 P_0。负透镜放入后，当平行于光轴的光波从左向右射入系统时，焦点向右平移距离 d_f 到实心圆 P 处。图中实线绘出一条平行于光轴并穿过 L_1 及 L_2 到达 P 点的光线。过 P 作光线的反向延长线，与入射光线交于 H 点。于是，过 H 并垂直于光轴的平面是 L_1 及 L_2 组成的光学系统的像方主面。该主面到 L_1 的距离为 d_h，不难看出，若让 P 点是 L_3 的物方焦点，插入 L_2 等效于形成一个新的 4f 系统，第一面等效透镜的焦距是 $f=d_h+f_1+d_f$，系统的横向放大率为

$$\beta = -\frac{f_3}{f} = -\frac{f_3}{d_h + f_1 + d_f} \tag{5-13}$$

将 P 视为负透镜 L_2 对 P_0 所成的像，给定 d_1，根据高斯公式及几何关系，d_f 及 d_h 由式(5-14)和式(5-15)确定：

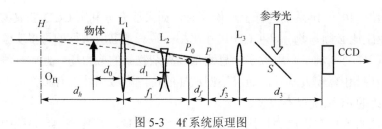

图 5-3　4f 系统原理图

$$\frac{1}{-f_2} = \frac{1}{-(f_1 - d_1)} + \frac{1}{(f_1 - d_1) + d_f} \tag{5-14}$$

$$\frac{f_1 - d_1}{f_1} = \frac{(f_1 - d_1) + d_f}{d_h + f_1 + d_f} \tag{5-15}$$

当 d_f 及 d_h 确定后，便能通过式(5-13)确定系统的放大率 β。

设物平面到透镜 L_1 的距离为 d_0，将 L_1 所成的像视为 L_2 的物，L_2 所成的像是 L_3 的物，利用高斯公式逐一对成像位置跟踪描述如下。

经透镜 L_1 成像的像距 d_{i1} 满足：

$$\frac{1}{f_1} = \frac{1}{d_0} + \frac{1}{d_{i1}} \tag{5-16}$$

经透镜 L_2 成像的像距 d_{i2} 满足：

$$\frac{1}{-f_2} = \frac{1}{d_1 - d_{i1}} + \frac{1}{d_{i2}} \tag{5-17}$$

经透镜 L_3 成像的像距 d_i 满足：

$$\frac{1}{f_3} = \frac{1}{f_1 + d_f + f_3 - d_1 - d_{i2}} + \frac{1}{d_i} \tag{5-18}$$

根据式(5-16)～式(5-18)，不难确定像平面即 CCD 窗口的位置 d_i。

5.4.2　测量数据处理原理

建立直角坐标 $oxyz$，令 CCD 平面为 xoy 平面。设被测物体的物理量变化只改变透射光的相位，到达 CCD 平面的物光和参考光可分别表示为

$$O(x, y) = o(x; y)\exp[\mathrm{j}\varphi(x, y)] \tag{5-19}$$

$$R(x, y) = r(x; y)\exp[\mathrm{j}k(\theta_x x + \theta_y y)] \tag{5-20}$$

式中，$\mathrm{j} = \sqrt{-1}$；$k = 2\pi / \lambda$；λ 是光波长；θ_x 和 θ_y 分别是参考光的波矢量在 xoz、yoz 平面的投影与 z 轴的夹角。

CCD 探测的光波场强度即

$$\begin{aligned}
I_H(x, y) &= |O(x, y) + R(x, y)|^2 \\
&= [o^2(x, y) + r^2(x, y)] \\
&\quad + o(x, y)r(x, y)\exp[-\mathrm{j}k\varphi(x, y)]\exp[\mathrm{j}k(\theta_x x + \theta_y y)] \\
&\quad + o(x, y)r(x, y)\exp[\mathrm{j}k\varphi(x, y)]\exp[-\mathrm{j}k(\theta_x x + \theta_y y)]
\end{aligned} \tag{5-21}$$

对式(5-21)两边作傅里叶变换，并利用卷积定理，得

$$F\{I_H(x,y)\} = G_0(f_x,f_y) + G^*\left(\frac{f_x - \theta_x}{\lambda}, \frac{f_y - \theta_y}{\lambda}\right) + G\left(\frac{f_x + \theta_x}{\lambda}, \frac{f_y + \theta_y}{\lambda}\right) \tag{5-22}$$

式中，

$$G_0(f_x,f_y) = F[o^2(x,y) + r^2(x,y)]$$

$$G(f_x,f_y) = F\{o(x,y)r(x,y)\exp[j\varphi(x,y)]\}$$

可以看出，只要 $G(f_x,f_y)$ 的分布宽度有限，则可能通过选择足够大的 θ_x、θ_y，让式 (5-22) 右边三项在频率空间相互不重叠。这样，设计一个选通滤波器就能获得 $G(f_x,f_y)$，再通过傅里叶逆变换，则能求出 $o(x,y)r(x,y)\exp[jk\varphi(x,y)]$，利用其虚部与实部比值的反正切可求得 $\varphi(x,y)$。

设物体承受外力前透射波的相位为 $\varphi_0(x,y)$，施加外力过程中第 i 次测量时透射波的相位为 $\varphi_i(x,y)$。根据上述讨论，利用计算机不难形成 0～255 灰度等级的数字实时全息干涉图像：

$$I_{0,i}(x,y) = 127.5 + 127.5\cos[\varphi_i(x,y) - \varphi_0(x,y)] \tag{5-23}$$

5.4.3　消零级衍射干扰的处理

数字全息研究中，消零级衍射干扰是改善重建物光波面质量的基本课题。虽然通过参考光相移，理论上已经存在使用多幅干扰图消除零级衍射及共轭物光干扰的方法，但对于变化量的数字实时全息测量不适用。目前，从 CCD 摄取的单一全息图频谱中分离物光频谱并重建物光场是比较适用的方法。但在分离物光频谱时，为避开零级衍射光的干扰，通常有较多的高频信息损伤，重建图像质量不高。本节提出一种消除零级衍射干扰并保留物光场高频信息的数字实时全息测量方法。

1.　两个不同时刻全息图差值图像的频谱研究

图 5-4 是常用的数字全息简化光路。图中，物光沿 z 轴传播，通过半反半透镜后到达 CCD。参考光自上而下进入半反半透镜，通过反射形成与 z 轴有小夹角的光束射向 CCD。两列光波干涉的强度图像被 CCD 接收，形成数字全息图。

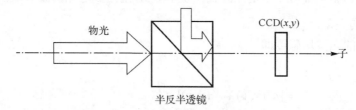

图 5-4　数字全息简化光路

令 CCD 平面为 xoy 平面，设被测物体的物理量变化只改变物光的相位。检测时刻 t_p、t_q 到达 CCD 平面的物光和参考光可分别表示为

$$O_p(x,y) = o(x;y)\exp[j\varphi_p(x,y)] \tag{5-24}$$

$$O_q(x,y) = o(x;y)\exp[j\varphi_q(x,y)] \tag{5-25}$$

$$R(x,y) = r(x,y)\exp[jk\varphi_r(x,y)] \tag{5-26}$$

式中，$j = \sqrt{-1}$；$k = 2\pi/\lambda$；λ是光波长。根据二元函数的泰勒级数表示及二项式定理，参考光的相位因子可展开为

$$\varphi_r(x,y) = a_1 x + b_1 y + \psi_r(x,y) \tag{5-27}$$

其中，

$$\psi_r(x,y) = a_0 + a_2 x^2 + b_2 y^2 + c_2 xy + \cdots \tag{5-28}$$

$a_0, a_1, a_2, \cdots, b_0, b_1, b_2, \cdots, c_2, \cdots$是实数，选择不同的参数，可以表述不同的波面。$t_p$、$t_q$时刻物光及参考光干涉场强度分别是

$$
\begin{aligned}
I_{Hp}(x,y) = {} & o^2(x,y) + r^2(x,y) \\
& + o(x,y)r(x,y)\exp\{jk[\varphi_p(x,y) - \psi_r(x,y)]\}\exp[-jk(a_1 x + b_1 y)] \\
& + o(x,y)r(x,y)\exp\{-jk[\varphi_p(x,y) - \psi_r(x,y)]\}\exp[jk(a_1 x + b_1 y)]
\end{aligned} \tag{5-29}
$$

$$
\begin{aligned}
I_{Hq}(x,y) = {} & o^2(x,y) + r^2(x,y) \\
& + o(x,y)r(x,y)\exp\{jk[\varphi_q(x,y) - \psi_r(x,y)]\}\exp[-jk(a_1 x + b_1 y)] \\
& + o(x,y)r(x,y)\exp\{-jk[\varphi_q(x,y) - \psi_r(x,y)]\}\exp[jk(a_1 x + b_1 y)]
\end{aligned} \tag{5-30}
$$

式(5-30)与式(5-29)相减为

$$
\begin{aligned}
& I_{Hq}(x,y) - I_{Hp}(x,y) \\
& = o(x,y)r(x,y)\{\exp[jk\varphi_q(x,y)] - \exp[jk\varphi_p(x,y)]\}\exp[-jk\psi_r(x,y)]\exp[-jk(a_1 x + b_1 y)] \\
& + o(x,y)r(x,y)\{\exp[-jk\varphi_q(x,y)] - \exp[-jk\varphi_p(x,y)]\}\exp[jk\psi_r(x,y)]\exp[jk(a_1 x + b_1 y)]
\end{aligned}
$$

令 CCD 面阵的窗口函数为 $w(x,y)$，全息差值图可以表示为 $[I_{Hq}(x,y) - I_{Hp}(x,y)]w(x,y)$。对全息差值图作傅里叶变换，变换计算过程中忽略窗口函数的影响，最终可得

$$F\{I_H(x,y)\} \approx G\left(f_x + \frac{a_1}{\lambda}, f_y + \frac{b_1}{\lambda}\right) + G^*\left(f_x - \frac{a_1}{\lambda}, f_y - \frac{b_1}{\lambda}\right) \tag{5-31}$$

其中，

$$G(f_x, f_y) = F\{o(x,y)r(x,y)\{\exp[jk\varphi_q(x,y)] - \exp[jk\varphi_p(x,y)]\}\exp[-jk\psi_r(x,y)]\} \tag{5-32}$$

可以看出，差值图频谱中零级衍射光影响已经完全消除。

2. 全息差值图的频谱分析及应用

分析式(5-31)知，只要 $G(f_x, f_y)$ 分布有限，选择合适的 $\dfrac{a_1}{\lambda}$、$\dfrac{b_1}{\lambda}$，则可以分离出 $G\left(f_x + \dfrac{a_1}{\lambda}, f_y + \dfrac{b_1}{\lambda}\right)$，在频域进行坐标平移就能求出 $G(f_x, f_y)$。于是有

$$O_{p-q}(x,y) = F^{-1}[G(f_x, f_y)] \tag{5-33}$$
$$= o(x,y)r(x,y)\{\exp[jk\varphi_p(x,y)] - \exp[jk\varphi_q(x,y)]\}\exp[-jk\psi_r(x,y)]$$

这是与两个时刻物光相位及参考光参数相关的光波场表达式。光波场的强度分布是

$$\left|O_{p-q}(x,y)\right|^2 = [o(x,y)r(x,y)]^2 \tag{5-34}$$
$$\times \{\{\cos[k\varphi_p(x,y)] - \cos[k\varphi_q(x,y)]\}^2 + \{\sin[k\varphi_p(x,y)] - \sin[k\varphi_q(x,y)]\}^2\}$$

显然，式(5-34)与参考光相位分布无关。

为分析式(5-24)和式(5-34)的物理意义，现将振幅为 $o(x,y)r(x,y)$ ，相位分别是 $k\varphi_q(x,y)$、 $k\varphi_p(x,y)$ 的两束光波叠加的干涉场强度写出：

$$\left|O_{p+q}(x,y)\right|^2 = \left|o(x,y)r(x,y)\{\exp[jk\varphi_p(x,y)] + \exp[jk\varphi_q(x,y)]\}\right|^2$$
$$= [o(x,y)r(x,y)]^2 \tag{5-35}$$
$$\times \{\{\cos[k\varphi_p(x,y)] + \cos[k\varphi_q(x,y)]\}^2 + \{\sin[k\varphi_p(x,y)] + \sin[k\varphi_q(x,y)]\}^2\}$$

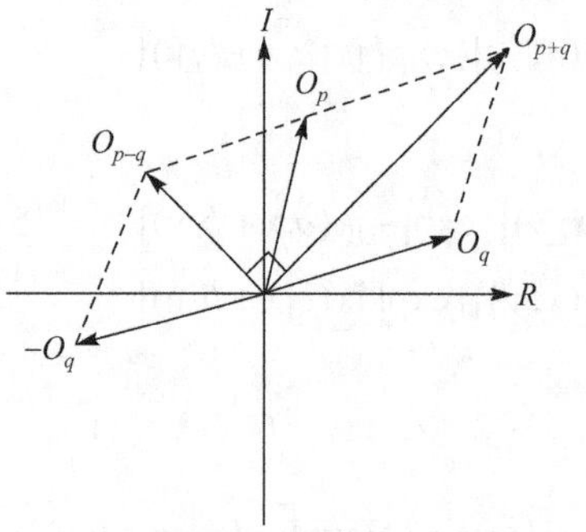

图 5-5　复矢量 O_{p+q} 与 O_{p-q} 的关系

同时，图 5-5 绘出任意给定 (x, y) 时复矢量 O_{p+q} 与 O_{p-q} 的关系。可以看出，O_{p+q} 与 O_{p-q} 始终相互垂直，并且当 O_{p+q} 取极大值时，O_{p-q} 取极小值；反之，当 O_{p-q} 取极大值时，O_{p+q} 取极小值。这意味着式(5-34)和式(5-35)表示的图像除条纹明暗相反之外，具有完全相似的形式。式(5-34)表示的图像只相当于式(5-35)中让原始物光的相位统一增加或减小π。因此，两种干涉图像对变化量测量的作用是等价的。

综上所述，从两个时刻记录全息图的差值图像频谱中分离出物光频谱，经傅里叶逆变换获得的光波场的强度图像可以用于数字实时全息测量。

5.5　数字全息干涉实验

5.5.1　酒精灯火焰的数字全息再现

在全息测量系统的分析中，经常利用酒精灯火焰作为测量物体来验证测量系统的有效性。本节将邻近火焰的一个平面作为物平面，让 CCD 与物平面构成 4f 系统的共轭平面，通过等效 4f 系统的横向尺度缩小变换，使 CCD 能够接收较完整火焰的像。

基于传统的二次曝光全息术的理论，本书的数字实时全息过程包括下述步骤：①用 CCD 记录状态 1 的全息图，从全息图的频谱中分离物光频谱，通过傅里叶逆变换求出物光场 1；②用 CCD 记录状态 2 的全息图，通过相似的步骤求出物光场 2；③在计算机的虚拟空间根据式(5-34)进行两个物光场的干涉，通过干涉图分析从状态 1 变到状态 2 过程中测量对象的物理量变化信息。

　　将酒精灯未点燃时设为状态 1，点燃酒精灯后的某两个状态视为状态 2 及状态 3，图 5-6(a)～(c) 分别给出三种状态下由 CCD 记录的全息图。图 5-6(d)～(f) 是三种状态下的全息图频谱强度图像，图像上还绘出分离物光频谱的圆形滤波窗。图 5-6(g) 是根据状态 1 与状态 2 重建的物光场干涉形成的图像，图 5-6(h) 是根据状态 1 与状态 3 重建的物光场干涉形成的图像，图 5-6(i) 是状态 3 与状态 2 重建的物光场干涉形成的图像。可以看出，利用数字实时全息，不但可以得到与传统实时全息相似的时刻 2 及时刻 3 的干涉图，而且能够获得时刻 3 相对于时刻 2 的物光场相位变化。后者是传统实时全息很难获得的。

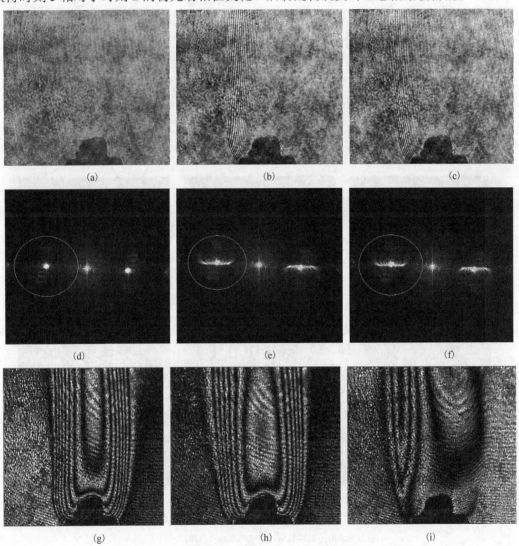

图 5-6　未消零级衍射干扰的酒精灯数字实时全息测量图像

(a)、(b)、(c) 为三个不同时刻 CCD 探测的全息图；

(d)、(e)、(f) 为三个不同时刻的全息图频谱强度及滤波窗位置；

(g) 为根据 (d) 和 (e) 取出的频谱重建场的干涉图像；

(h) 为根据 (d) 和 (f) 取出的频谱重建场的干涉图像；

(i) 为根据 (e) 和 (f) 取出的频谱重建场的干涉图像

　　基于上述研究，图 5-7(a) 给出图 5-6(b) 减去图 5-6(a) 的全息差值图。图 5-7(b) 和 (c)分别给出图 5-6(c) 减图 5-6(a) 以及图 5-6(c) 减图 5-6(b) 的全息差值图。这三幅图像的频谱强度图分别绘于图 5-7(d)~(f)。在图上还分别用浅色圆环标示出滤波器窗口。可以看出，由于零级衍射光频谱基本消失，可以选择较大的选通滤波器半径。

　　根据滤波器取出的物光频谱重建的图像强度图像分别示于图 5-7(g)~(i)。将这三幅图像与图 5-6(g)~(i) 比较不难看出，图 5-7(g)~(i) 有较好的干涉条纹质量，并且正如理论所预测，它们的明条纹与图 5-6(g)~(i) 的暗条纹相对应。

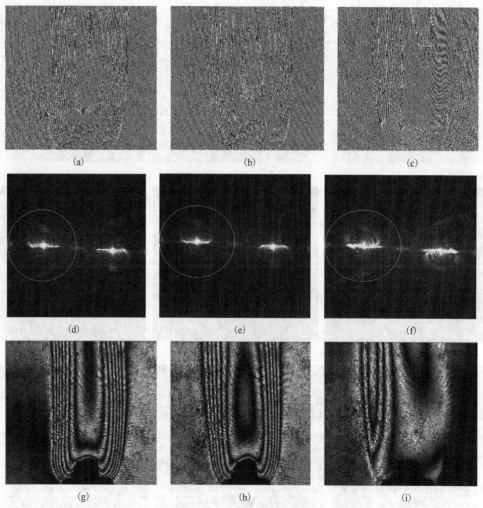

图 5-7　消零级衍射干扰的酒精灯数字实时全息测量图像

(a) 为图 5-6(b) 减图 5-6(a) 形成的全息差值图；

(b) 为图 5-6(c) 减图 5-6(a) 形成的全息差值图；

(c) 为图 5-6(c) 减图 5-6(b) 形成的全息差值图；

(d)、(e)、(f) 为三种全息图频谱强度及滤波窗位置；

(g) 为根据(d) 取出的频谱重建场的干涉图像；

(h) 为根据(e) 取出的频谱重建场的干涉图像；

(i) 为根据(f) 取出的频谱重建场的干涉图像

5.5.2　夹杂物应变场数字实时全息与传统实时全息测量结果比较

分别以预置圆孔、椭圆孔和裂纹的有机玻璃板为研究对象，圆孔和椭圆孔直接由激光加工，裂纹则在激光加工裂缝以后，由 MTS 疲劳试验机预制获得。试件经冷热时效处理释放激光加工引起的残余应力后，再先后进行传统全息和数字全息干涉实验测量试样在单向拉伸作用下的应变场。为保证采用银盐感光板记录的传统全息测量结果与采用数字全息测量结果的可比性，实验中根据每个试样的情况估算试样的强度，设计试样的线弹性加载范围，并在每个试样测试结束后卸载至拍摄光栅空场时的初载，观察是否有残余干涉条纹的存在，确保试样在线弹性范围内加载。传统实时全息系统的光路见图 5-8。

1. 圆孔和椭圆孔的测量结果比较

实验时，有机玻璃板试样的尺寸为 8mm×100mm×400mm，通过杠杆对试样施加纵向拉力，见图 5-9。试样中的圆孔半径为 5mm，椭圆孔长半轴为 5mm、短半轴为 2.5mm。

图 5-10 为圆孔与椭圆孔应变场的传统全息与数字全息测量结果比较。

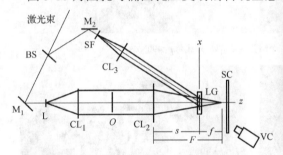

图 5-8　传统实时全息系统的光路图

图 5-9　全息干涉实验台及试样加载系统

(a) 单圆孔测量结果(外载荷 p=392N)

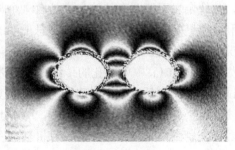

(b) 圆心距为 15mm 水平双圆孔测量结果(外载荷 p=392N)

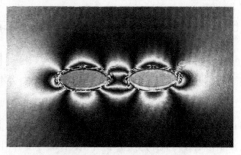

(c)椭圆心距为 13mm 垂直双圆孔测量结果(外载荷 p=392N)

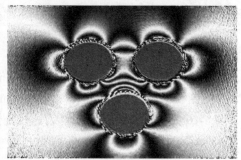

(d)圆心距为 13mm 的三个圆孔测量结果(外载荷 p=490N)

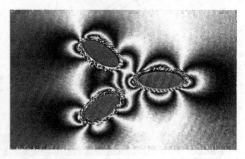

(e)三个椭圆孔测量结果(外载荷 p=490N)

图 5-10　圆孔与椭圆孔应变场的传统全息与数字全息测量结果比较(左边为传统全息图，右边为数字全息图)

2. 裂纹的测量结果比较

图 5-11 为裂纹应变场的传统全息与数字全息测量结果比较。

通过以上不同类型及不同构型夹杂物应变场的测量结果可以看出，尽管对于裂纹来说，传统全息干涉图在裂纹尖端处有一个与裂尖应力集中密切相关的黑斑，即焦散斑，这在利用傅里叶逆变换重构的数字全息干涉图中却不够明显，然而就表征夹杂物周围应变场情况的干涉条纹数量、形状和分布方面，传统全息与数字全息所测得的结果均吻合得较好。例如，图 5-10(a)中单圆孔的传统全息干涉条纹是局部畸变的，数字全息对同一试件进行测试获得的干涉条纹也存在同样的局部畸变。此外，还用相近的试件与熊秉衡和王正荣的传统实时全息测量结果进行了比较，两者也基本吻合。因此，本章提出的基于等效 4f 系统的数字全息测量光路和相应的计算机数字图像处理方法能够获得与传统全息非常接近的测量结果，而且具有较小的背景噪声，干涉条纹更加清晰。这说明将这套测量系统用于透射式全息干涉实验方面的研究是合理、可靠的。

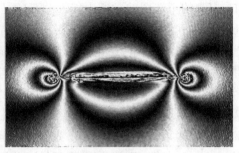

(a) 长度为 16mm 的单裂纹应变场测量结果(外载荷 p=490N)

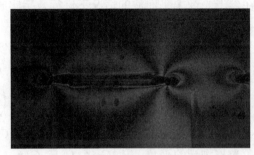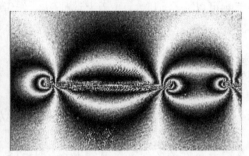

(b) 长度分别为 23mm 和 26mm，$\varDelta$ =2.53 的水平双裂纹测量结果(外载荷 p=392N)

图 5-11　裂纹应变场的传统全息与数字全息测量结果比较(左边为传统全息图，右边为数字全息图)

5.6　数字实时全息测量系统讨论

根据 CCD 探测的干涉图重建物光场是数字全息的基本内容，为获得高质量的重建物光场，消零级衍射干扰是重要的研究课题。虽然通过参考光相移，理论上已经存在使用多幅全息图的数据处理消除零级衍射及共轭物光干扰的方法，但对于变化量的数字实时全息测量不适用。数字实时全息测量是基于传统的双曝光全息理论及计算机技术的一种检测技术。当采用傅里叶变换法处理数据时，从给定时刻 CCD 摄取的全息图频谱中分离物光频谱并重建物光场，是数字实时全息测量的主要工作。但是在分离物光频谱时，为避开零级衍射光频谱的干扰，不得不选择尺寸较小的滤波器，导致物光频谱的高频成分有较多损失，重建物光场的质量不高。本章数字实时全息干涉图的背景噪声很小，分析式(5-23)的推导过程可知，由于相位 $\varphi(x,y)$ 通过 $o(x,y)r(x,y)\exp[jk\varphi(x,y)]$ 的虚部与实部的比值的反正切求出，$o(x,y)r(x,y)$ 在运算中作为公因子被消去。因此，按式(5-23)所形成的干涉图不受照明物光及参考光强度分布的影响，具有很干净的背景。与数字全息相比，传统全息干涉图的质量不但取决于照明物光、参考光的均匀度，而且与化学感光板处理过程中许多因素有关，例如，图 5-10 和图 5-11 中传统全息干涉图上的斑渍就是化学处理过程中附着在干板上的微小杂物引起的。

在利用 CCD 探测的干涉图获取物光复振幅的过程中将参考光设计为均匀平面波，在满足 Whittaker-Shannon 采样定理的前提下选择足够大的参考光与物光的夹角，通过对 CCD

探测干涉图像的傅里叶变换，从频域中分离物光频谱，理论上是一种很好的方法。但是在实验研究中，将参考光调整及保持为理想的平面波通常十分困难。当参考光是非平面波时，CCD 探测的干涉图的频谱中能够分离的是受到参考光某种调制的物光频谱。必须消除调制，才能得到物光频谱。为让频域分离物光频谱的方法能够得到实际使用，作者曾经将参考光视为理想球面波，讨论能够忽略这种调制的条件。然而，将参考光视为理想球面波也只是实际情况的一种近似。如果能够将参考光视为任意振幅及相位的光波，从理论上找到消除调制的方法，则具有重要意义。为此，作者将任意函数表述的参考光的相位因子展开为幂级数后，通过研究发现，只要展开式中包含坐标的一次项，就可能使用傅里叶变换分离带有调制的物光频谱。当参考光的相位函数给定后，物光频谱所受到的调制将是准确可知的。此外，即便调制不能准确可知，若被测量是两个物理状态的变化量，则调制对测量的影响可以完全消除。基于上述研究，作者在参考光为非平面波的情况下进行数字实时全息研究，获得与传统实时全息相近的测量结果。

但是，也应该指出，数字实时全息干涉条纹的质量与照明物光及参考光均匀度事实上是有关的。其影响主要由零级衍射光频谱 $G_0(f_x,f_y)$ 引入。由于 $G_0(f_x,f_y)=F[o^2(x,y)+r^2(x,y)]$，当照明物光及参考光均匀度差时，其频谱的高端将与 $G(f_x,f_y)$ 混叠。为避免其影响，不得不减小选通滤波器的半径，使 $G(f_x,f_y)$ 的高端受到损失。这时，将不能分辨反映物体变化信息的空间频率较高的干涉条纹。因此，保持照明物光及参考光的均匀度，在 CCD 的分辨力允许的条件下尽可能选择较大的参考光与物光的夹角，让 $G_0(f_x,f_y)$ 与 $G(f_x,f_y)$ 有效分离，仍然是通过数字实时全息实现高质量测量的关键。本章对任意波面参考光的数字全息进行讨论，并给出在数字实时研究中准确提取物光信息的方法及实验证明。实验结果表明，根据式(5-23)形成的数字全息干涉条纹不但与传统全息干涉图基本一致，而且具有较小的背景噪声。

传统双曝光全息法只能获得两种状态间的待测量变化情况，传统实时全息法也只能获得某一状态与初始状态间的待测量变化情况。本章提出的数字实时全息法不但可以得到利用传统全息所能获取的全部待测量变化信息，而且可以获得任意两个状态之间的待测量变化情况，因此，获得的信息更全面，并有可能对待测量进行更深入、全面的分析。

5.7　夹杂物应变场的数字全息测试及其与数值计算结果的比较

第 3 章介绍了利用等效夹杂物方法编写的数值计算程序，并就该数值计算的结果与文献中的解析值和数值计算值进行了比较验证，然后利用该程序计算分析了多夹杂物应力场及夹杂物间的相互干涉情况。本书的数值计算和数字全息干涉实验都是在线弹性范围内完成的，因此，夹杂物的等应力线和等应变线在形状与分布上具有直观的可比性。

在本章的数字全息干涉实验测试中，由于理论知识的缺乏和技术手段的不成熟，目前还没有办法对全息条纹所包含的信息进行完整而量化的解读，只能定性地分析实验的测试结果。因此，本节将联合采用定量性质的数值计算与定性性质的实验测试进一步分析夹杂物问题的应力应变场。

下列各图中，外载荷的方向均沿 z 轴（垂直）方向。

5.7.1 空洞

图 5-12（a）～（l）显示了几种特殊的圆孔和椭圆孔构型的应力场应变场。图 5-12（a）和（b）以及图 5-12（d）和（e）分别显示了外加载荷从 98N 增加到 490N 后，双圆孔和三圆孔试样干涉条纹的变化情况。图 5-12（c）和（f）则是相应试样的应力和（$\sigma_y + \sigma_z$）等应力线图。图 5-12（g）和（h）以及图 5-12（j）和（k）分别显示了外加载荷从 98N 增加到 490N 后，双椭圆孔和三椭圆孔试样干涉条纹的变化情况。图 5-12（i）和（l）则是相应试样的应力和（$\sigma_y + \sigma_z$）等应力线图。

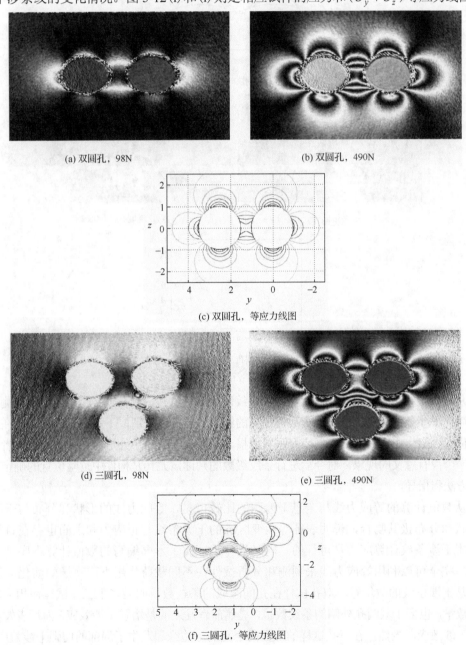

(a) 双圆孔，98N   (b) 双圆孔，490N

(c) 双圆孔，等应力线图

(d) 三圆孔，98N   (e) 三圆孔，490N

(f) 三圆孔，等应力线图

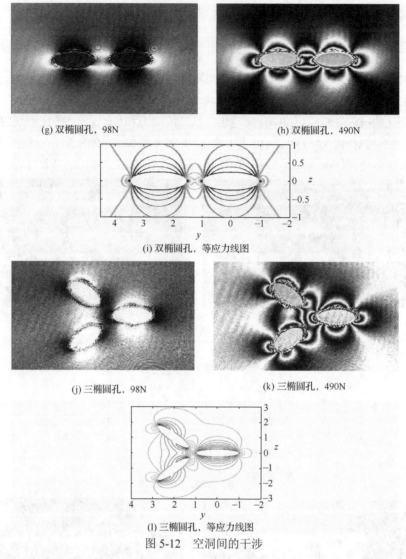

(g) 双椭圆孔，98N　　　　　　　　　　　(h) 双椭圆孔，490N

(i) 双椭圆孔，等应力线图

(j) 三椭圆孔，98N　　　　　　　　　　　(k) 三椭圆孔，490N

(l) 三椭圆孔，等应力线图

图 5-12　空洞间的干涉

　　从传统数字全息干涉实验时"活干涉条纹"的演变过程，以及数字全息干涉实验测出的不同载荷下干涉条纹的变化，并结合数值计算的结果进行分析发现，干涉条纹总是首先在应变最大的位置处衍生出来，然后向低应变区域传播，最后在应变最小处形成稳定的条纹或者消失。这是一个很有意义的现象，对今后进行条纹级数的判读，尤其是构件中危险位置的确定提供了新的方法和指导。

　　从数值计算的等应力线与全息干涉图的比较可见，等应力线的形状和分布与干涉条纹的形状和分布极其吻合，说明表征等应变区域的干涉条纹与正应力和之间也存在直接的关联，用干涉条纹计算应力是可行的。同时进一步证实了本书编写的数值计算程序是合理可靠的，完全可以利用等应力线来预测和分析试件在不同载荷作用下应变场的演化与发展。

　　从干涉条纹的数量看，双孔试样在孔间区域的条纹数量明显多于三孔试样在相应区域的条纹数量，也多于双圆孔外侧的条纹数量，显然前者发生的是增强干涉效应，而后者发生的是屏蔽干涉效应。当然，在三孔试样的上面两个孔的下边缘却发生了局部的增强干涉效应。

5.7.2　裂纹

图 5-13(a)～(o) 显示了不同方位和构型裂纹的应力应变场。

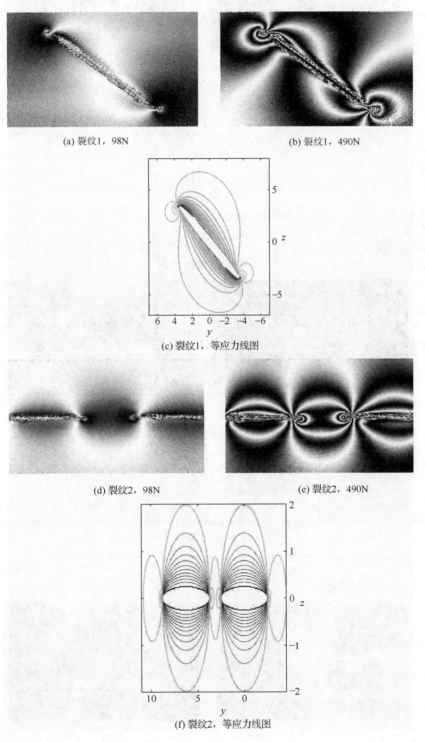

(a) 裂纹1，98N

(b) 裂纹1，490N

(c) 裂纹1，等应力线图

(d) 裂纹2，98N

(e) 裂纹2，490N

(f) 裂纹2，等应力线图

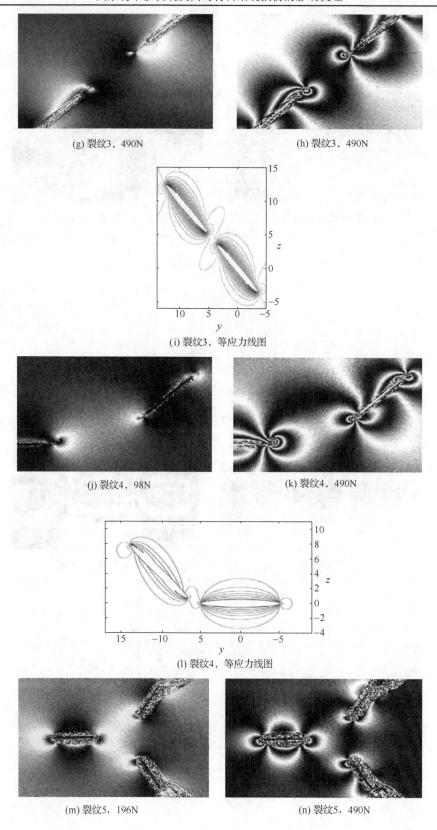

(g) 裂纹3，490N

(h) 裂纹3，490N

(i) 裂纹3，等应力线图

(j) 裂纹4，98N

(k) 裂纹4，490N

(l) 裂纹4，等应力线图

(m) 裂纹5，196N

(n) 裂纹5，490N

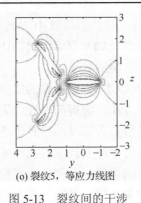

(o) 裂纹5, 等应力线图

图 5-13　裂纹间的干涉

　　图 5-13 中的数字全息干涉图分别显示的是外加载荷从 98N 增加到 490N 后, 各个含裂纹试样干涉条纹的变化情况。等应力线图是针对相应试样的裂纹情况采用本书的数值计算程序得到的计算结果。考虑到数字全息干涉实验是在平面应力情况下获得的结果, 而数值计算是针对裂纹在无限大体中的计算结果, 后者对变形的约束强于前者, 相同裂纹的应变场及其干涉强度也就更弱。因此, 为增加两者的可比性, 在裂纹干涉的数值计算中, 裂纹间距的设置小于试样中的实际裂纹间距, 这种处理虽然会影响干涉强度的合理性, 但不会改变裂纹间的干涉机制。

　　在裂纹的数字全息干涉条纹实验中, 同样可以观察到与空洞类似的干涉条纹的衍生、扩大的形成过程, 结合数值计算和断裂力学的知识进行分析, 仍旧可以确定干涉条纹首先在应变最大处(即裂尖区域)生成, 并随载荷的增大而传播, 低应变区的条纹则是由在非应力集中区形成的条纹向低应变区收缩形成的。因此, 对于裂纹, 干涉条纹的衍生区和收缩区对于条纹级数的判读以及构件中危险位置的确定仍具有直接的帮助, 同时直观地指示了夹杂物问题中发生增强干涉的区域和发生屏蔽干涉的区域。

　　从数值计算的等应力线与全息干涉图的比较可见, 等应力线的形状和分布与裂纹干涉条纹的形状和分布极其吻合, 说明在裂纹干涉中表征等应变区域的干涉条纹与正应力和之间也存在直接的关联, 用干涉条纹计算应力是可行的。这也进一步证实了本书编写的数值计算程序是合理可靠的, 完全可以利用等应力线来预测和分析含裂纹试件在不同载荷作用下应变场的演化与发展。

5.8　本 章 小 结

　　本书首先介绍了数字全息的起源、现状及研究和应用中存在的主要问题, 以及传统全息的二次曝光法的基本原理, 深入分析了数字全息干涉术的记录与再现中影响数字全息成像质量的一些关键因素, 如 CCD 参数对记录条件的限制、频谱滤波等。在此基础上, 提出了等效 4f 系统及相应的测量数据处理方法和消零级衍射干扰的处理方法, 设计了数字全息光路, 并编制了相应的数字图像处理程序, 最后就传统全息测量结果与本书设计的数字实时全息测量系统的测量结果进行了比较, 并利用数字实时全息测量系统完成了大量的数字全息干涉实验。

　　针对本章提出的等效 4f 系统，设计了等效 4f 系统原理图，推导了等效 4f 系统横向放大率的计算公式和数字全息光路中 CCD 窗口位置的计算公式。这样就可以根据被测试件的大小合理调整光路布置，满足实验的要求。

　　在数字全息研究中，当使用 CCD 探测图像的傅里叶变换获取物光频谱时，将参考光设计为均匀平面波是通常采用的方法。为提高研究成果的通用性，本章将参考光视为任意形式波面，根据二元函数的泰勒级数表示及二项式定理，在参考光相位函数的展开式中包含坐标的一次项，从而可以使用傅里叶变换获取物光频谱。为消零级衍射干扰，获得高质量的重建物光场，假定被测物体的物理量变化只改变物光的相位，然后从两个时刻记录全息图的差值图像频谱中分离出物光频谱，经逆变换获得可以用于数字实时全息测量的光波场强度图像。在理论上导出消除零级衍射干扰并保留物光场高频信息的数字实时全息测量方法。

　　通过不同类型及不同构型夹杂物应变场的测量结果比较，尽管数字全息干涉图未能很好地显示焦散斑的大小，然而就表征夹杂物周围应变场情况的干涉条纹数量、形状和分布方面，传统全息与数字全息所测得的结果均吻合得较好，而且数字全息干涉图具有较小的背景噪声，干涉条纹更加清晰，说明将这套测量系统用于透射式数字全息干涉实验方面的研究是合理、可靠的。

　　尽管本章利用数字全息对不同构型夹杂物应变场的测量只能给出定性的结果，但利用这套测量系统对不同基本构型的圆孔、椭圆孔和裂纹的测试结果既从实验上研究了这些夹杂物的干涉机制，又有力地验证了本书编写的等效夹杂物数值计算程序的合理性。此外，在实验中发现的干涉条纹衍生和传播的规律为今后进行条纹级数的判读，尤其是构件中危险位置的确定，提供了新的方法和指导。

　　本章开发的数字实时全息测量系统为今后开展透射式数字全息干涉实验的研究提供了可靠、高效的测试手段。没有这套系统的成功开发，本书不可能完成如此大量的数字全息干涉实验工作。

第6章 有限元损伤分析技术

有限元方法的基本思想是将连续的求解区域离散为一组有限个且按一定方式相互联结在一起的单元组合体。单元能按不同的联结方式进行组合，且单元本身又可以有不同形状，因此可以模型化几何形状复杂的求解域。有限元方法利用在每一个单元内假设的近似函数来分片地表示整个求解域上待求的未知场函数。单元内的近似函数由未知函数在单元的各个节点的数值和其插值函数来表达。这样一来，一个问题的有限元分析中，未知函数在各个节点上的数值就成为新的未知量，从而使一个连续的无限自由度问题变成离散的有限自由度问题。求解出这些未知量，就可以通过插值函数计算出各个单元内场函数的近似值，从而得到整个求解域上的近似值。显然，随着单元数目的增加，即单元尺寸的缩小，或者随着单元自由度的增加及插值函数精度的提高，解的近似程度将不断改进，如果单元是满足收敛要求的，近似解最后将收敛于精确解。

随着力学理论和计算机技术的飞速发展，金属基复合材料的力学分析也得到了很大进步。在金属基复合材料的力学模型方面，可以分为有限元模型和解析模型两大类。有限元模型是典型的数值方法，用有限元方法对复合材料进行力学分析的本质是将有限元计算技术与力学和材料科学相结合，根据复合材料细观结构，建立代表性计算体单元、界面和边界条件，求解受载下体单元中具有夹杂物的边值问题，从而建立起细观局部场量与宏观平均常量间的关系，最终获得复合材料的宏观力学响应。

6.1 弹性力学的基本方程和变分原理

有限元方法中经常要用到弹性力学的基本方程和与之等效的变分原理。这里简单介绍其矩阵形式、虚功原理及线弹性力学的变分原理。

6.1.1 弹性力学基本方程的矩阵形式

弹性体在载荷作用下，体内任意一点的应力状态可以由 6 个应力分量 σ_x，σ_y，σ_z，τ_{xy}，τ_{yz}，τ_{zx} 来表示。其中，σ_x，σ_y，σ_z 为正应力，τ_{xy}，τ_{yz}，τ_{zx} 为剪应力。应力正负号规定如下：如果某一个面外法向与坐标轴正方向一致，这个面上的应力分量就以沿坐标轴正方向为正，与坐标轴反方向为负。

应力分量的矩阵表示称为应力列阵或应力向量：

$$\sigma = \begin{Bmatrix} \sigma_x \\ \sigma_y \\ \sigma_z \\ \tau_{xy} \\ \tau_{yz} \\ \tau_{zx} \end{Bmatrix} = \begin{bmatrix} \sigma_x & \sigma_y & \sigma_z & \tau_{xy} & \tau_{yz} & \tau_{zx} \end{bmatrix} \tag{6-1}$$

　　弹性体在载荷作用下还将产生位移和变形,即弹性体位置的移动和形状的改变。弹性体内任一点的位移可以由沿直角坐标轴方向的 3 个位移分量 u_x, u_y, u_z 来表示,用矩阵表示是

$$u = \begin{Bmatrix} u_x \\ u_y \\ u_z \end{Bmatrix} = \begin{bmatrix} u_x & u_y & u_z \end{bmatrix} \tag{6-2}$$

称为位移列阵或位移向量。

　　弹性体内任意一点的应变可以由 6 个应变分量 ε_x, ε_y, ε_z, γ_{xy}, γ_{yz}, γ_{zx} 来表示。其中, ε_x, ε_y, ε_z 是正应变;γ_{xy}, γ_{yz}, γ_{zx} 是剪应变。应变的正负号与应力的正负号相对应,即应变以伸长时为正,缩短时为负;剪应变以两个沿坐标轴正方向的线段组成的直角变小为正,反之为负。

　　应变的矩阵是

$$\varepsilon = \begin{Bmatrix} \varepsilon_x \\ \varepsilon_y \\ \varepsilon_z \\ \gamma_{xy} \\ \gamma_{yz} \\ \gamma_{zx} \end{Bmatrix} = \begin{bmatrix} \varepsilon_x & \varepsilon_y & \varepsilon_z & \gamma_{xy} & \gamma_{yz} & \gamma_{zx} \end{bmatrix} \tag{6-3}$$

称为应变列阵或应变向量。

　　对于三维问题,弹性力学基本方程可以写成如下形式。

1. 平衡方程

　　弹性体 V 域内任一点沿坐标轴 x, y, z 方向的平衡方程为

$$\frac{\partial \sigma_x}{\partial x} + \frac{\partial \tau_{yx}}{\partial y} + \frac{\partial \tau_{zx}}{\partial z} + \overline{f_x} = 0$$

$$\frac{\partial \tau_{xy}}{\partial x} + \frac{\partial \sigma_y}{\partial y} + \frac{\partial \tau_{zy}}{\partial z} + \overline{f_y} = 0 \tag{6-4}$$

$$\frac{\partial \tau_{xz}}{\partial x} + \frac{\partial \tau_{yz}}{\partial y} + \frac{\partial \sigma_z}{\partial z} + \overline{f_z} = 0$$

式中, $\overline{f_x}$、$\overline{f_y}$、$\overline{f_z}$ 分别为单位体积的体积力在 x、y、z 方向的分量。

　　平衡方程的矩阵形式为

$$A\sigma + \overline{f} = 0, \quad \text{在 } V \text{内} \tag{6-5}$$

式中, A 是微分算子,

$$A=\begin{bmatrix} \dfrac{\partial}{\partial x} & 0 & 0 & \dfrac{\partial}{\partial y} & 0 & \dfrac{\partial}{\partial z} \\ 0 & \dfrac{\partial}{\partial y} & 0 & \dfrac{\partial}{\partial x} & \dfrac{\partial}{\partial z} & 0 \\ 0 & 0 & \dfrac{\partial}{\partial z} & 0 & \dfrac{\partial}{\partial y} & \dfrac{\partial}{\partial x} \end{bmatrix} \tag{6-6}$$

式中，$\overline{f}$ 是体积力向量，$\overline{f}^{\mathrm{T}}=[\overline{f}_x \quad \overline{f}_y \quad \overline{f}_z]$。

2. 几何方程——应变-位移关系

在微小位移和微小变形的情况下，略去位移导数的高次幂，则应变向量和位移向量的几何关系为

$$\begin{aligned} \varepsilon_x &= \frac{\partial u_x}{\partial x} \\ \varepsilon_y &= \frac{\partial u_y}{\partial y} \\ \varepsilon_z &= \frac{\partial u_z}{\partial z} \\ \gamma_{xy} &= \frac{\partial u_x}{\partial y} + \frac{\partial u_y}{\partial x} = \gamma_{yx} \\ \gamma_{yz} &= \frac{\partial u_y}{\partial z} + \frac{\partial u_z}{\partial y} = \gamma_{zy} \\ \gamma_{zx} &= \frac{\partial u_x}{\partial z} + \frac{\partial u_z}{\partial z} = \gamma_{xz} \end{aligned} \tag{6-7}$$

几何方程的矩阵形式为

$$\varepsilon=Lu, \quad 在 \; V \; 内 \tag{6-8}$$

式中，L 为微分算子，

$$L=\begin{bmatrix} \dfrac{\partial}{\partial x} & 0 & 0 \\ 0 & \dfrac{\partial}{\partial y} & 0 \\ 0 & 0 & \dfrac{\partial}{\partial z} \\ \dfrac{\partial}{\partial y} & \dfrac{\partial}{\partial x} & 0 \\ 0 & \dfrac{\partial}{\partial z} & \dfrac{\partial}{\partial y} \\ \dfrac{\partial}{\partial z} & 0 & \dfrac{\partial}{\partial x} \end{bmatrix} \tag{6-9}$$

3. 物理方程——应力-应变关系

弹性力学中应力-应变之间的转换关系也称弹性关系。对于各向同性的线弹性材料，应力通过应变的表达式可以用矩阵来表示：

$$\sigma = D\varepsilon \tag{6-10}$$

式中，

$$D = \frac{E(1-v)}{(1+v)(1-2v)} \begin{bmatrix} 1 & \dfrac{v}{1-v} & \dfrac{v}{1-v} & 0 & 0 & 0 \\ & 1 & \dfrac{v}{1-v} & 0 & 0 & 0 \\ & & 1 & 0 & 0 & 0 \\ & & & \dfrac{1-2v}{2(1-v)} & 0 & 0 \\ & & & & \dfrac{1-2v}{2(1-v)} & 0 \\ & & & & & \dfrac{1-2v}{2(1-v)} \end{bmatrix} \tag{6-11}$$

称为弹性矩阵。它完全取决于弹性材料的弹性模量 E 和泊松比 v。

剪切弹性模量定义为

$$G = \frac{E}{2(1+v)} \tag{6-12}$$

物理方程的另一种形式是

$$\varepsilon = C\sigma \tag{6-13}$$

其中，C 是柔度矩阵，$C = D^{-1}$，它和弹性矩阵是互逆关系。

4. 力的边界条件与几何边界条件

弹性体 V 的全部边界为 S。一部分边界上已知外力 $\bar{T}_x$，$\bar{T}_y$，$\bar{T}_z$ 称为力的边界条件，这部分边界用 S_σ 表示；另一部分边界上弹性体位移 $\bar{u}$，$\bar{v}$，$\bar{w}$ 已知，称为几何边界条件，这部分边界用 S_u 表示。这两部分边界构成弹性体的全部边界 S。

根据力的平衡关系，内力应和外力平衡，所以，

$$T = \bar{T}，在 S_\sigma 上 \tag{6-14}$$

式中，

$$T = n\sigma \tag{6-15}$$

$$n = \begin{bmatrix} n_x & 0 & 0 & n_y & 0 & n_z \\ 0 & n_y & 0 & n_x & n_z & 0 \\ 0 & 0 & n_z & 0 & n_y & n_x \end{bmatrix} \tag{6-16}$$

而弹性体的位移关系则要满足

$$u_x = \overline{u}_x, \ u_y = \overline{u}_y, \ u_z = \overline{u}_z \tag{6-17}$$

用矩阵形式表示是

$$u = \overline{u} \tag{6-18}$$

　5. 弹性体的应变能和余能

　单位体积的应变能(应变能密度)为

$$U(\varepsilon) = \frac{1}{2}\varepsilon^{\mathrm{T}} D \varepsilon \tag{6-19}$$

应变能是正定函数,只有当弹性体内所有的点都没有应变的时候,应变能才等于零。
　单位体积的余能(余能密度)为

$$V(\sigma) = \frac{1}{2}\sigma^{\mathrm{T}} C \sigma \tag{6-20}$$

余能也是一个正定函数。在线弹性力学中弹性体的应变能等于余能。

6.1.2　虚功原理

　变形体的虚功原理可以叙述如下:变形体中满足平衡的力系在任意满足协调条件的变形状态上做的虚功等于零,即外力的虚功和内力的虚功之和等于零。
　虚功原理是虚位移原理和虚应力原理的总称。它们都可以认为是与某些控制方程相等效的积分"弱"形式。虚位移原理是平衡方程和力的边界条件的等效积分"弱"形式。虚应力原理则是几何方程和位移边界条件的等效积分"弱"形式。
　虚位移原理考虑平衡方程(6-5)和力的边界条件式(6-14)来建立等效的积分形式。经过分部积分,可以得到如下的"弱"形式:

$$\int_V (\delta\varepsilon^{\mathrm{T}}\sigma - \delta u^{\mathrm{T}}\overline{f}) \,\mathrm{d}V - \int_{S_\sigma} \delta T^{\mathrm{T}}\overline{T} \mathrm{d}S = 0 \tag{6-21}$$

　所谓"弱"形式,就是以提高 u 的连续性要求来降低对 σ 的连续性要求。这种降低对函数连续性要求的做法在近似计算中,尤其在有限元方法中,是十分重要的。值得指出的是,从形式上看"弱"形式对函数的连续性要求降低了,但对实际的物理问题却常常较原始微分方程史逼近真正解,因为原始微分方程往往对解提出了过分"平滑"的要求。
　虚位移原理的力学意义是:如果力系是平衡的,则它们在虚位移和虚应变上所做功的总和为零。反之,如果力系在虚位移及虚应变上所做功的和等于零,则它们一定是满足平衡的。因此,虚位移原理表述了力系平衡的必要而充分条件。
　同样,如果考虑几何方程和位移边界条件,可以得到虚应力原理。它的矩阵表达式是

$$\int_V \delta \sigma^T \varepsilon dV - \int_{S_\sigma} \delta T^T \bar{u} dS = 0 \tag{6-22}$$

虚应力原理的力学意义是：如果位移是协调的，则虚应力和虚边界约束反力在它们上面所做功的总和为零。反之，如果上述虚力系在它们上面所做功的和为零，则它们一定是满足协调的。因此，虚应力原理表述了位移协调的必要而充分条件。

虚位移原理和虚应力原理的导出过程中未涉及物理方程，因此，它们可以应用于线弹性以及非线性弹性和弹塑性等不同的力学问题。

6.1.3　线弹性力学的变分原理

弹性力学变分原理包括基于自然变分原理的最小势能原理和最小余能原理，以及基于约束变分原理的胡海昌-鹫津原理等。这里只简单介绍最小势能原理。

最小势能原理的建立是从 6.1.2 节的虚位移原理(式(6-21))出发，其中的应力 σ 用弹性力学的物理方程(6-10)代入，可以得到如下用张量表达的方程：

$$\delta \varPi_P = 0 \tag{6-23}$$

式中，

$$\begin{aligned}
\varPi_p = \varPi_p(\varepsilon_{ij} u_i) &= \int_V [U(\varepsilon_{ij}) + \phi(u_i)] dV + \int_{S_\sigma} \varphi(u_i) dS \\
&= \int_V \left(\frac{1}{2} D_{ijkl} \varepsilon_{ij} \varepsilon_{kl} - \overline{f_i} u_i \right) dV - \int_S \overline{T_i} u_i dS
\end{aligned} \tag{6-24}$$

是系统的总势能，它是弹性体变形势能和外力势能之和。式(6-23)表明：在所有区域内满足几何关系式(6-7)、在边界上满足给定位移条件式(6-18)的可能位移中，真实位移使系统的总势能取驻值。此外，还可以进一步证明所有可能位移中，真实位移使系统总势能取最小值。因此式(6-23)称为最小势能原理。

6.2　颗粒增强复合材料有限元模型的建立

本节根据颗粒增强金属基复合材料的微结构特征，建立立方胞体模型、多颗粒随机分布胞体模型、轴对称胞体模型、单颗粒平面应变胞体模型以及多颗粒平面应变胞体模型等五个细观力学模型。

在颗粒增强复合材料中，由于加工工艺的不同，颗粒在复合材料基体介质中的排列方式也不同。图 6-1 为 20%ZrO_2 增强铝基复合材料截面组织的形貌，从图中可以看到，夹杂物颗粒的直径并不均匀，不同颗粒的体积差别较大。可以认为，颗粒标称的直径只是符合正态分布下的平均直径。另外，从图中可以看出，颗粒形状基本上为球形，并有少量的椭球形和不规则形状。因此，在胞体模型中假设颗粒为球形或者椭球形是符合颗粒的实际形貌的。

6.2.1　立方胞体模型

增强材料的几何分布可以是有规则的，也可以是随机的。但总体来看，复合材料是宏观均匀的。在研究其某些性能时，可以假设复合材料由包含一个或多个颗粒的同一性质的方块按周期排列而成，因此可取一个代表性立方单元胞体来进行研究。从宏观层次看，立方单元胞体的尺寸远远小于整体尺寸，可将它看成一个物理点；从细观角度看，又可用它来分析不同组分性能对整体性能的作用与贡献及各组分间的相互关系，这种胞体模型已经广泛应用于分析和模拟孔洞复合材料与颗粒增强复合材料等两相及多相材料的力学行为。

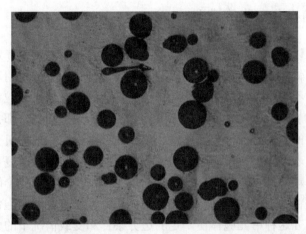

图 6-1　粉末冶金法制备的 20%ZrO$_2$ 增强铝基复合材料截面组织形貌

图 6-2(a) 为颗粒增强金属基复合材料周期性分布的结构示意图，颗粒的体积分数为20%。假设颗粒为球体，大小一致，并在基体中呈简单立方周期分布，故可以将其看作含有大量夹杂物颗粒立方单元胞体的聚合体。于是从中取出一个单元胞体来进行分析，如图 6-2(b)所示。考虑到其对称性，采用 1/8 单元胞体模型进行有限元计算。

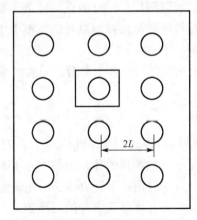
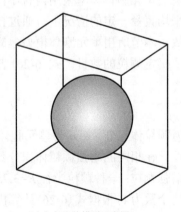

(a) 材料周期性分布的结构示意图　　　　　　(b) 立方胞体模型示意图

图 6-2　立方胞体模型的建立过程

　　立方胞体模型即在一个立方体基体材料中央嵌入一个高强度的球形颗粒,使模型中颗粒的体积分数与复合材料的颗粒体积分数保持一致。图 6-2 中 $2L$ 为颗粒间的距离,设球形颗粒的半径为 R,它在单元胞体中所占的体积分数是 V_f,可按式(6-25)计算:

$$V_f = \frac{1}{6}\pi R^3 / L^3 \tag{6-25}$$

　　假设颗粒增强金属基复合材料的界面浸润完好,颗粒与基体之间没有新的物相形成,不考虑界面层的影响,颗粒和基体的连接是理想界面,不考虑界面的滑移、分层等情况,在整个变形过程中,颗粒是完好无损的。

6.2.2　多颗粒随机分布胞体模型

　　从图 6-1 中可以看到,颗粒在基体中的分布并不是理想均匀的,颗粒间的距离也有疏密之分。颗粒在基体中的空间分布状况以及颗粒之间的相互干涉作用对复合材料的力学行为有较大的影响,不少学者通过有限元计算也证实了这点。假设颗粒和基体间界面无明显脱落与开裂现象,从微观上来考虑,如果具体到基体的某一局部,那么这种颗粒的分布实际上是随机、无序的,没有任何规律可言。但是这种由无数颗粒随机分布组成的金属基复合材料在宏观上就表现出材料性能的均匀性和各向同性。正如一般复合材料有限元方法所考虑的,本节根据颗粒增强金属基复合材料的微细观结构,建立一个能表达这种随机分布的材料局部作为颗粒增强金属基复合材料的胞体模型,通过这一个胞体模型的规则排列来模拟整个材料。研究这种单元胞体在一定的边界条件和受载情况下的力学行为,从而最终获得复合材料的宏观力学响应。Chaula 利用循环切片打磨的办法,得到一系列的复合材料截面形貌,然后根据这些截面重构模型,得出了近似于原始材料的微细观形貌,并且取得了很好的模拟结果。虽然这种模型能很好地再现材料的原始形貌,但是技术和设备要求较高,不可能对每一种材料都进行同样的处理,对于通用型研究来说并不是很必要,需要进一步简化。

　　本节所用单元胞体模型采用内含不同数目增强颗粒(球形)的立方体单元胞体模型,在增强颗粒平均直径一定的情况下,通过控制颗粒的数目来控制单元胞体模型中夹杂物颗粒的体积分数。本节所用单元胞体模型建立步骤如下。

　　首先要确定颗粒的数目。式(6-26)表示单元胞体模型各个参数之间的关系:

$$V_f = n \cdot \frac{1}{6}\pi R^3 / L^3 \tag{6-26}$$

式中,V_f 为颗粒体积分数;n 为单元胞体内颗粒数目;R 为球形颗粒半径;$2L$ 为立方体单元胞体边长。在相同的增强颗粒体积分数情况下,如颗粒的体积分数 $V_f = 15\%$,分别有两种尺寸的增强颗粒:一种颗粒半径 $R=3.75\mu m$,另一种颗粒半径 $R=8\mu m$。先确定半径为 8μm 增强颗粒的个数为 1,根据式(6-26)计算出对应的立方体单元胞体的尺寸 $2L$,再根据式(6-26)计算出当增强颗粒半径为 3.75μm、立方体单元胞体尺寸为 $2L$ 时,对应增强颗粒的数目为 10,两种颗粒的直径比为 32∶15。

当这些尺寸关系确定之后，就需要确定这些颗粒在立方体单元胞体中的具体位置坐标。对于如图 6-2 所示的立方模型，就是将这一个颗粒直接放在立方体基体的中心位置。对于多颗粒随机分布胞体模型，本节采用改进的随机序列吸附(random sequential adsorption，RSA)方法。

RSA 方法最早由 Rintoul 和 Torquato 提出，在 Segurado、Bohm 等的努力下取得很多的成果。

RSA 方法的主要思想是在基体单元胞体中逐个加入随机生成的增强体。这里的随机生成指的是在预先设定的数值范围内随机生成增强体的几何参数。如果是圆柱体增强体，且圆柱体的底面半径和高已固定，则需随机生成圆柱体的位置坐标和中心轴的取向参数；如果是球形增强体，且半径已固定，则只需随机生成球体体心的位置坐标。

改进的 RSA 方法一般都是通过编写计算机程序来实现的。以球形增强颗粒为例，①随机地生成颗粒的直径，用累加器记录这个颗粒的体积；②随机生成第一个所需的增强体，记录它的位置、体积等参数；③每次加入一个新的直径随机生成的增强体，依次判断其是否和已存在的增强体相交、是否与单元胞体边界相交。如此循环，直到判定新生成的增强体与之前存在的增强体都不相交并且与单元胞体不相交，则认为可以接受当前的增强体，记录该增强体的位置，作为已存在增强体之一。按照上述方法可以生成含有指定数目和类型的增强体的单元胞体模型(具体的程序见附录 B)。

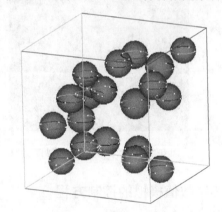

这一基本程序保证颗粒在立方单元胞体内部不发生重叠现象，也没有颗粒凸出立方单元胞体，所以增强颗粒全部镶嵌在立方单元胞体内部，是一个典型的 particles-in-box 模型。这样，有了尺寸和坐标，就可以在有限元分析软件中生成所需要的单元胞体模型。图 6-3 为边长 L 的多颗粒随机分布胞体模型，它包括随机分布的相互不重叠的 20 个相同材料的圆球。

图 6-3　边长 L 的多颗粒随机分布胞体模型示意图

6.2.3　轴对称胞体模型

在对复合材料进行数值研究时，有许多学者选用轴对称胞体模型，樊建平和邓泽贤对立方胞体模型和轴对称胞体模型两个模型的数值模拟结果进行了比较，结果显示在静力学模拟中轴对称胞体模型优于立方胞体模型。轴对称胞体模型假设颗粒增强金属基复合材料是由六棱柱单元胞体周期性排布组成的，图 6-4 为周期性分布的球形颗粒增强金属基复合材料的轴对称模型简化流程示意图，可以将其看作大量含有增强颗粒六棱柱胞体的聚合体，增强颗粒为球形，大小一致，并在基体六棱柱单元胞体中心。为了简化计算并不失一般性，从中取出一个单元胞体，并进行一系列简化，分析得到的模型，并利用如图 6-4 所示的 1/2 胞体模型进行有限元计算。

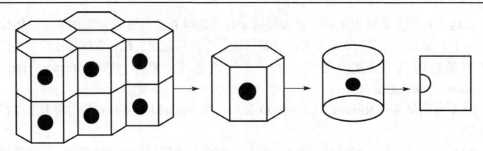

图 6-4　轴对称胞体模型简化流程示意图

6.2.4　平面应变胞体模型

　　轴对称胞体模型无法考虑增强相的随机分布性和颗粒间的相互作用，也不能很好地模拟圆柱形颗粒增强金属基复合材料，于是引入平面应变胞体模型，其中，单颗粒平面应变胞体模型如图 6-5 所示，多颗粒平面应变胞体模型如图 6-6 所示。

图 6-5　单颗粒平面应变胞体模型

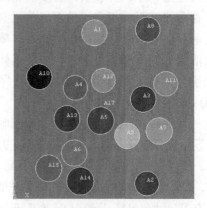

图 6-6　多颗粒平面应变胞体模型

6.2.5　数值模拟的控制方程

　　在金属基体中加入导电陶瓷颗粒，由于导电陶瓷颗粒在导电性上与金属材料存在较大的差异，电流在导电陶瓷颗粒附近产生绕流，电流集中，电流密度较高，将产生大量焦耳热。

　　在复合材料单元胞体的底面通入稳定的电流，由于颗粒和基体的电导率不同，电流在胞体内部产生绕流。电流在单元胞体内应满足如下方程：

$$\nabla \cdot J_1 = 0, \quad 在\ \Omega_1\ 内$$
$$\nabla \cdot J_2 = 0, \quad 在\ \Omega_2\ 内$$

(6-27)

式中，Ω_1 为颗粒增强材料所占据的空间；Ω_2 为基体所占据的空间；J_1、J_2 分别为颗粒和基体中的电流密度。在颗粒与基体的界面上满足 $J_1 = J_2$。

　　在电流的作用下，复合材料内部产生的焦耳热为

$$Q_1 = \frac{|J_1|^2}{\gamma_1}, \quad \text{在} \varOmega_1 \text{内}$$

$$Q_2 = \frac{|J_2|^2}{\gamma_2}, \quad \text{在} \varOmega_2 \text{内} \tag{6-28}$$

式中，Q_1、Q_2 分别为颗粒和基体中电流产生的焦耳热；γ_1、γ_2 分别为颗粒和基体的电导率。

以下考虑复合材料的热传导问题与热应力问题。热传导方程为具有内热源的热传导表达式：

$$\text{在} \varOmega_1 \text{内}, \quad \frac{\partial}{\partial x}\left(\lambda_1 \frac{\partial T_1}{\partial x}\right) + \frac{\partial}{\partial y}\left(\lambda_1 \frac{\partial T_1}{\partial y}\right) + \frac{\partial}{\partial z}\left(\lambda_1 \frac{\partial T_1}{\partial z}\right) + Q_1 = \rho_1 c_1 \frac{\partial T_1}{\partial t} \tag{6-29}$$

$$\text{在} \varOmega_2 \text{内}, \quad \frac{\partial}{\partial x}\left(\lambda_2 \frac{\partial T_2}{\partial x}\right) + \frac{\partial}{\partial y}\left(\lambda_2 \frac{\partial T_2}{\partial y}\right) + \frac{\partial}{\partial z}\left(\lambda_2 \frac{\partial T_2}{\partial z}\right) + Q_2 = \rho_2 c_2 \frac{\partial T_2}{\partial t} \tag{6-30}$$

式中，ρ_1、ρ_2 分别为颗粒和基体的材料密度；c_1、c_2 分别为颗粒和基体的材料比热容；t 为时间；λ_1、λ_2 分别为颗粒和基体的材料热导率，T 为温度。在颗粒与基体的界面上满足 $T_1 = T_2$。

热应力方程根据热弹性理论建立，其平衡方程和几何方程为

$$\begin{cases} \sigma_{1x} = \delta_1 e_1 + 2G_1 \varepsilon_{1x} - \beta_1 T_1 \\ \sigma_{1y} = \delta_1 e_1 + 2G_1 \varepsilon_{1y} - \beta_1 T_1 \\ \sigma_{1z} = \delta_1 e_1 + 2G_1 \varepsilon_{1z} - \beta_1 T_1 \\ \tau_{1xy} = G_1 \gamma_{1xy} \\ \tau_{1xz} = G_1 \gamma_{1xz} \\ \tau_{1yz} = G_1 \gamma_{1yz} \end{cases}, \quad \text{在} \varOmega_1 \text{内} \tag{6-31}$$

$$\begin{cases} \sigma_{2x} = \delta_2 e_2 + 2G_2 \varepsilon_{2x} - \beta_2 T_2 \\ \sigma_{2y} = \delta_2 e_2 + 2G_2 \varepsilon_{2y} - \beta_2 T_2 \\ \sigma_{2z} = \delta_2 e_2 + 2G_2 \varepsilon_{2z} - \beta_2 T_2 \\ \tau_{2xy} = G_2 \gamma_{2xy} \\ \tau_{2xz} = G_2 \gamma_{2xz} \\ \tau_{2yz} = G_2 \gamma_{2yz} \end{cases}, \quad \text{在} \varOmega_2 \text{内} \tag{6-32}$$

式中，δ、G 为拉梅常数；β 为应力系数。它们的值分别为

$$\begin{cases} \delta = \dfrac{Ev}{(1+v)(1-2v)} \\[2mm] G = \dfrac{E}{2(1+v)} \\[2mm] \beta = \dfrac{E\alpha}{1-2v} \end{cases} \tag{6-33}$$

式中，E 为弹性模量；v 为泊松比；α 为线膨胀系数。

6.2.6 模型的边界条件以及网格设置

模拟计算是利用有限元软件 ANSYS 来完成的。ANSYS 是一套功能强大的模拟工程的有限元软件，其解决问题的范围包括从相对简单的线性分析到许多复杂的非线性问题，尤其对于后者，能够解决接触、成形等复杂的非线性问题。

1. 模型的边界条件

作为复合材料代表体元的有限元模型，要满足代表体元作为一个典型单元的基本条件，因为复合材料在宏观上就是由这些代表体元一个个叠加堆积排列而成的，所以各个代表体元彼此之间的各种物理量要求是连续的、协调一致的。对于单独一个代表体元，为了控制电流、热和变形的协调性，需要考虑周期性边界条件。

1) 周期性电流边界

在复合材料通电时，对于材料与电流方向平行的四个边界，每个边界都要在各自的面上保持电通量为 0。具体量化要求如下：

$$
\begin{aligned}
z &= 0, & j_z &= J_0 \\
z &= a, & j_z &= -J_0 \\
x &= 0, & x = a, & |J| &= 0 \\
y &= 0, & y = a, & |J| &= 0
\end{aligned}
$$

2) 周期性位移边界

在单元胞体承受外载作用或者内部热应力作用的情况下，各个界面(六个面)都要在各自的法线方向上保持变形一致，即一个界面上的所有节点位移应该是相同的。具体量化要求如下：

$$
\begin{aligned}
z &= 0, & u_3 &= 0 \\
z &= a, & u_3 &= U_3 \\
x &= 0, & x = a, & u_1\text{与}z\text{无关} \\
y &= 0, & y = a, & u_2\text{与}z\text{无关}
\end{aligned}
$$

式中，U_3 为施加给单元胞体上表面的位移量；u_1、u_2、u_3 分别为单元胞体在 x、y、z 三个方向的位移。

2. 模型的网格设置与划分

在静力学模拟中，用 Plan42 四节点平面单元对轴对称胞体模型和平面应变胞体模型进行网格划分，用 Solid45 八节点实体单元对立方胞体模型和多颗粒随机分布胞体模型进行网格划分。对于耦合场分析，采用间接耦合方法。为了使电热耦合分析和热力耦合分析具有很好的相容性，在平面模型中，电热耦合分析模拟用 Plan67 四节点平面单元进行网格划分计算，再将单元转为 Plan42 四节点平面单元进行热力耦合场计算；对于立方胞体模型和多颗粒随机分布胞体模型，电热耦合用 Solid69 八节点实体单元进行网格划分，用 Solid45

八节点实体单元进行热力耦合计算。图 6-7 为轴对称胞体模型的网格划分，图 6-8 为立方胞体模型的网格划分，图 6-9 为多颗粒随机分布胞体模型的网格划分。

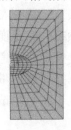 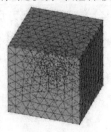 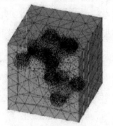

图 6-7　轴对称胞体模型的网格划分　　图 6-8　立方胞体模的网格划分　　图 6-9　多颗粒随机分布胞体模型的网格划分

6.3　颗粒增强复合材料的有限元损伤分析

6.3.1　对颗粒增强复合材料弹性模量的有限元计算

本节用 ANSYS 有限元软件模拟材料在拉(压)过程中的应力应变分布状态。根据胡克定律 $\sigma = E\varepsilon$ 以及名义应力 σ 和应变 ε 的定义，可得

$$E = \frac{F}{S} \cdot \frac{L}{\Delta L} \tag{6-34}$$

式中，F 为胞体面上的作用力；S 为荷载作用面积；L 为单元胞体长度；ΔL 为变形量。由于实验测试中，以试件被拉伸前的横截面作为计算应力的面积，得到的应力为名义应力。为了将模拟的弹性模量与实验值相比较，在数值模拟时的面积也取为胞体变形前的截面面积。在模拟时，采用 6.2 节所述的周期性边界，在拉伸(压缩)后各个胞体面仍保持平面，胞体的变形量 ΔL 可模拟计算得到。用式(6-34)可以计算得到颗粒增强复合材料的弹性模量。

表 6-1 给出了 6066 铝基体和 SiC 夹杂物颗粒的材料常数。运用多颗粒随机分布胞体模型和立方胞体模型模拟的弹性模量与实验测得的弹性模量进行比较(图 6-10)，结果如下。

表 6-1　材料性能

6066 铝		SiC	
E_1/GPa	v_1	E_1/GPa	v_2
69.8	0.3	450	0.27

(1)利用多颗粒随机分布胞体模型模拟的弹性模量与实验测试的复合材料弹性模量偏差很小。所有弹性模量的模拟值与实验测试得到的弹性模量各个数据点的偏差均小于 5%。对于小于 5%的误差，即可认为计算模拟的弹性模量与实验测试弹性模量吻合得比较好。

（2）随着颗粒体积分数的增加，单颗粒夹杂单元胞体对复合材料弹性模量的模拟与实验测试结果的偏差越来越大。颗粒体积分数较小时，颗粒的间距较大，颗粒间相互影响很小，可以忽略，所以颗粒体积分数小时，立方胞体模型和多颗粒随机分布胞体模型与实验测得的弹性模量相差无几；但随着颗粒体积分数的增大，颗粒的间距变小，颗粒与颗粒的相互作用增大，颗粒间的干涉效应不能忽略。而立方胞体模型没有考虑颗粒间的相互干涉机制，使得在颗粒体积分数较大时，立方胞体模型模拟的弹性模量较实验测试值要大得多；颗粒体积分数越大，立方胞体模型模拟的弹性模量与实验测试值的偏离越大。

（3）颗粒数量的增多能有效提高材料的弹性模量。与立方胞体模型相比，多颗粒随机分布胞体模型既考虑了颗粒随机分布对材料的影响，又考虑了相邻颗粒之间的相互作用，计算模型比较符合实际情况。这是多颗粒随机分布胞体模型模拟结果优于立方胞体模型的原因。

另外，当夹杂物体积分数较高时，颗粒之间出现相互挤压、团聚等现象，颗粒在基体内的弥散度较差。多颗粒随机分布胞体模型没有考虑颗粒之间的接触及团聚现象，因此，在体积分数较高时，模拟值与实验值偏差较大。

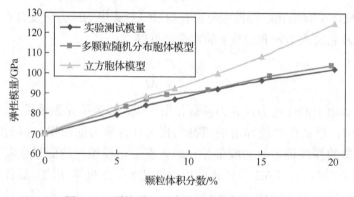

图 6-10　颗粒增强复合材料弹性模量的预测

6.3.2　颗粒增强复合材料拉应力状态下的应力分布情况及细观损伤分析

Li 等用轴对称胞体模型对颗粒增强复合材料在拉（压）状态下的应力应变情况进行了模拟，研究了不同颗粒形状的复合材料基体和颗粒的应力应变状态。樊建平和邓泽贤对立方胞体模型和六棱柱胞体模型进行了对比，研究了两种模型的应力集中因子。但这都是基于单颗粒胞体模型的模拟，并没有考虑颗粒间的相互影响，特别是对结构的细观模拟以及对微裂纹的形成和扩展的模拟，与实验测试有较大的出入。

本节以 100μm 边长的立方体为多颗粒随机分布胞体模型的单元胞体，颗粒为半径平均值 10μm（按正态分布随机确定）的球形颗粒；对于胞体的边界，以周期性边界处理。在胞体的上表面施加 100MPa 的拉应力。不同体积分数胞体模型中，颗粒的半径以及位置见附录 C。

图 6-11～图 6-23 为多颗粒随机分布胞体模型内部的 von Mises 应力云图。图 6-12 和

图 6-13 为颗粒体积分数为 0.8%时的胞体模型在直径所在平面处的应力分布。基体中的最大应力出现在颗粒的上下两极，最小应力出现在颗粒的左右两极，应力云图与单颗粒胞体模型的应力分布基本一致，在远离颗粒的基体中，

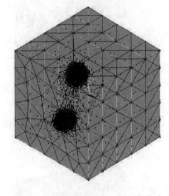

应力为平均拉应力，约 100MPa。图中显示，颗粒体积分数为 0.8%时，胞体内的最大应力约为 198MPa，应力集中因子约为 2；颗粒体积分数为 4.17%时，胞体内部的最大应力为 237MPa，应力集中因子约为 2.4；颗粒体积分数为 10.19%时，胞体内部的最大应力为 299MPa，应力集中因子约为 3。这些数据显示，颗粒分布稀疏，颗粒间距大于有效干涉距离，颗粒间干涉效应可以忽略；颗粒分布密集，颗粒间距小于有效干涉距离，颗粒间的干涉效应不能忽略。在加载方向上，颗粒靠得很近时，两者的

图 6-11　体积分数为 0.8%的夹杂物
颗粒数为 2 的胞体网格划分

基体中有较大的应力集中，其原因是增强体的弹性模量比基体大得多，加载时增强体的应变比基体小，应力比基体大，颗粒间应力为增强干涉效应。另外，颗粒间的位置也是影响颗粒间相互作用的因素，当颗粒中心的连线方向与拉力方向基本平行时，在拉应力作用下，颗粒间的相互影响较大，颗粒间基体中的应力也较大；当颗粒中心的连线方向与拉力方向的角度较大时，颗粒间的相互影响较小，增强颗粒周围的基体中应变较小，承受的应力也较小。

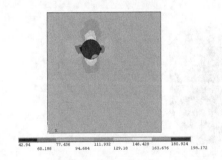

图 6-12　体积分数为 0.8%的胞体模型 z 轴 60μm
处切片应力云图（MPa）

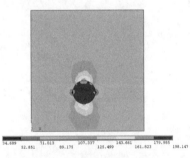

图 6-13　体积分数为 0.8%的胞体模型 z 轴 80μm
处切片应力云图（MPa）

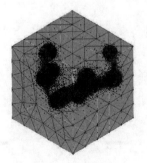

图 6-14　体积分数为 4.17%的夹杂物颗粒数为 10 的胞体网格划分

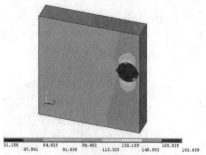 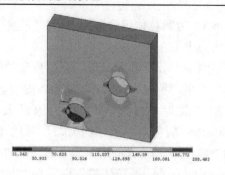

图 6-15　体积分数为 4.17%的胞体模型 z 轴 20μm　　图 6-16　体积分数为 4.17%的胞体模型 z 轴 40μm
　　　　处切片应力云图(MPa)　　　　　　　　　　　　　处切片应力云图(MPa)

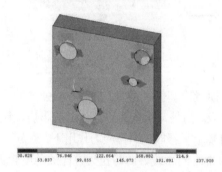 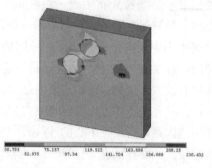

图 6-17　体积分数为 4.17%的胞体模型 z 轴 60μm　　图 6-18　体积分数为 4.17%的胞体模型 z 轴 80μm
　　　　处切片应力云图(MPa)　　　　　　　　　　　　　处切片应力云图(MPa)

图 6-19　体积分数为 10.19%的夹杂物颗粒数为 24 的胞体网格划分

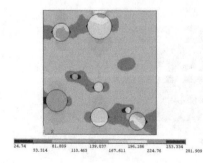 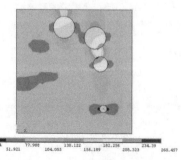

图 6-20　体积分数为 10.19%的胞体模型 z 轴 20μm　　图 6-21　体积分数为 10.19%的胞体模型 z 轴 40μm
　　　　处切片应力云图(MPa)　　　　　　　　　　　　　处切片应力云图(MPa)

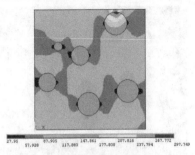 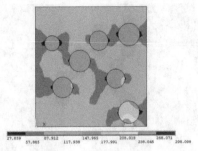

图 6-22　体积分数为 10.19%的胞体模型 z 轴 60μm　　图 6-23　体积分数为 10.19%的胞体模型 z 轴 80μm
　　　　　　处切片应力云图（MPa）　　　　　　　　　　　　　　　　处切片应力云图（MPa）

　　综上所述，应力分布的不均匀导致部分基体承受比其他部分基体更大的应力集中，而这部分基体可能先达到强度极限而失效，为了能生产出强度高的复合材料，必须注意尽量使增强体分布均匀。

6.3.3　有限元计算与实验比较及损伤分析

　　从实验观测结果可以发现，在细观尺度下，颗粒增强复合材料的主要损伤演化过程仍然是一个微裂纹的衍生和扩展的过程。因此，分析微裂纹的衍生机理以及颗粒等材料细观结构和屈服区等损伤对微裂纹扩展的影响机制无疑应成为研究材料细观损伤的关键和要点，对材料的制备具有一定的指导意义。

　　对多颗粒随机分布胞体模型的数值模拟计算和颗粒增强复合材料在金相显微镜下细观结构照片进行对比。图 6-24(a)～(f)为颗粒断裂的损伤；图 6-24(g)～(k)为颗粒在界面处脱粘，并向基体中扩展。通过模拟计算和实验观察的对比，不考虑缺陷、杂质等因素，假设两种裂纹萌生、扩展模式。

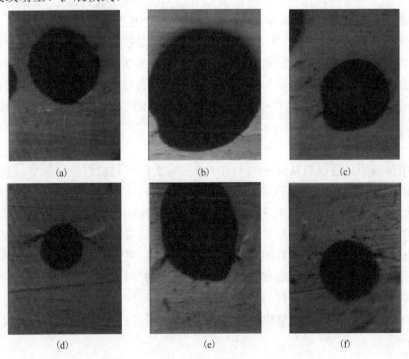

　　(a)　　　　　　　　　　(b)　　　　　　　　　　(c)

　　(d)　　　　　　　　　　(e)　　　　　　　　　　(f)

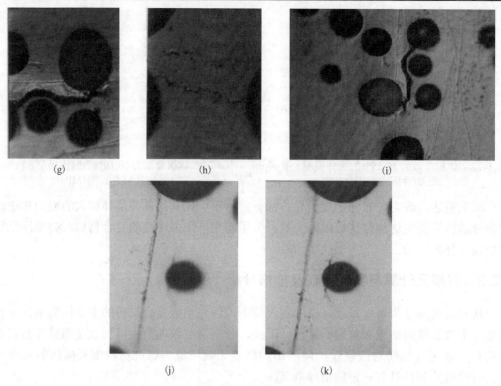

图 6-24　拉伸疲劳后材料远离拉伸断口区域的微裂纹

1. 裂纹在颗粒中萌生

在模型中颗粒为线弹性材料，假设颗粒中的 von Mises 应力值达到颗粒的强度极限，颗粒发生破坏。如图 6-17 和图 6-18 所示，在界面附近的颗粒边缘存在数个高应力点，微裂纹首先在这些高应力点产生，并迅速在颗粒内部扩展，将这些高应力区域的微裂纹连在一起。由于颗粒增强金属基复合材料中颗粒多为脆性材料，裂纹在颗粒内部扩展并到达颗粒与基体的界面，造成颗粒断裂，这时裂纹与基体界面相交的部位有很大的应力集中，裂纹从界面向基体中扩展。这一假设与图 6-24 中观察到的裂纹形貌一致。

2. 裂纹在界面中萌生

在数值计算中，假设当基体中的 von Mises 应力达到材料强度极限后，基体中出现裂纹，基体破坏。从图 6-18 和图 6-21 的数值计算应力云图中可以看出，当两个夹杂物颗粒距离比较近时，颗粒之间基体中存在干涉效应。在颗粒间连线的界面上应力较大，裂纹首先在界面的基体处产生，之后与界面上的另外一些微裂纹连在一起，裂纹扩展，使颗粒与基体界面发生脱粘。当裂纹沿界面扩展到一定长度后，界面上的微裂纹与基体中的缺陷连在一起，裂纹向基体中扩展。这和实验观察到的复合材料裂纹形貌一致。

细观观察实验显示，复合材料中微裂纹在颗粒内高应力区域萌生并扩展，引起颗粒断裂，以及在界面附近基体上的萌生并扩展，引起界面脱粘的两种损伤机制在复合材料失效时同时存在。

6.3.4　轴对称计算与数字全息干涉实验的比较

为了验证本章所采用的颗粒增强复合材料胞体模型的合理性及计算结果的有效性，本节将本章的计算结果与数字全息干涉实验所得到的变形场干涉图像进行比较，如图 6-25～图 6-27 所示。

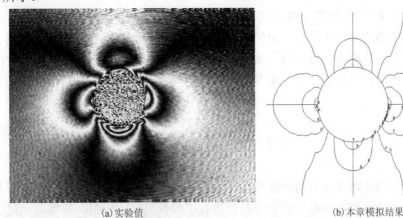

(a) 实验值　　　　　　　　　　　　　(b) 本章模拟结果

图 6-25　直径为 10mm 的圆形空洞（F=5kN）

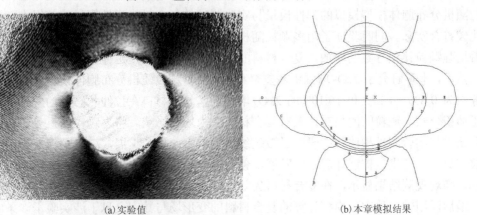

(a) 实验值　　　　　　　　　　　　　(b) 本章模拟结果

图 6-26　直径为 26mm 的铝颗粒（F=4kN）

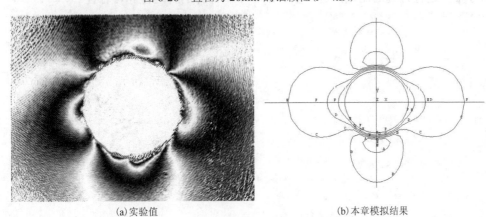

(a) 实验值　　　　　　　　　　　　　(b) 本章模拟结果

图 6-27　直径为 26mm 的铝颗粒（F=8kN）

　　本节的数字全息干涉实验测试中，由于理论知识的缺乏和技术手段的不成熟，目前还没有办法对全息条纹所包含的信息进行完整而量化的解读，不能与数值模拟的变形值进行定量的比较。本章的数值计算和数字全息干涉实验都是在线弹性范围内完成的，因此，数字全息干涉实验测试的夹杂物变形场干涉条纹和数值模拟的变形等直线在形状与分布上具有直观的可比性。

　　图 6-25～图 6-27 将数值模拟计算的变形等直线与数字全息干涉图进行了比较。可见，除了空洞和颗粒的边缘，由于加工黏结等原因，数值模拟和数字实时全息干涉图有较大的差异。对于应力场的绝大部分区域，数值模拟的变形等直线和数字全息干涉条纹所表征的复合材料的变形场在形状与分布上极其吻合。这说明本章采用的数值模拟方法和模型是合理可行的。

6.4　本章小结

　　本章首先对颗粒增强复合材料弹性模量进行了有限元模拟，用立方胞体模型和多颗粒随机分布胞体模型分别对颗粒增强复合材料进行了弹性模量的模拟，与实验值进行比较。结果显示，既考虑了颗粒随机分布对材料的影响，又考虑了相邻颗粒之间的相互作用的多颗粒随机分布胞体模型模拟的弹性模量与实验测试的复合材料弹性模量偏差很小，计算结果比较符合实际。同时验证了用多颗粒随机分布胞体模型研究复合材料的合理性。另外，随着增强颗粒体积分数的增加，复合材料的弹性模量增加，但延伸率下降。

　　然后，本章研究了 ZrO_2 增强铝基复合材料，用多颗粒随机分布胞体模型计算了颗粒体积分数为 0.8%、4.17%和 10.19%的 ZrO_2 增强铝基复合材料在拉伸状态下的应力分布。研究了体积分数、颗粒间的相对位置对复合材料应力场的影响。将多颗粒随机分布胞体模型计算结果与实验测试相比较；研究了微裂纹在颗粒中萌生、扩展，造成颗粒断裂，以及微裂纹在界面上萌生、扩展并向基体发展，使得界面脱粘、基体失效两种复合材料损伤演化机制。细观观测结果显示，在复合材料失效破坏时，这两种开裂模式同时存在。

　　最后，用轴对称胞体模型计算的复合材料的变形场与数字全息干涉实验干涉条纹在形状和分布上进行直观的比较，进一步验证了本章计算的合理性和可行性。

参 考 文 献

柏振海, 黎文献, 罗兵辉, 等, 2006. 一种复合材料弹性模量的计算方法[J]. 中南大学学报(自然科学版), 37(3): 438-443.

曹东风, 2011. 细观特征对 SiC$_p$/Al 复合材料力学行为影响的实验及数值研究[D]. 武汉: 武汉理工大学博士论文.

陈振中, 高金贺, 2006. 颗粒尺寸对 SiC_P/Al 复合材料疲劳裂纹扩展速率的影响[J]. 飞机设计, (1): 8-10.

邓国坚, 2015. 微尺度下疲劳小裂纹扩展特性的试验研究[D]. 上海: 华东理工大学博士论文.

杜善义, 王彪, 1998. 复合材料细观力学[M]. 北京: 科学出版社.

樊建平, 邓泽贤, 2003. 两个单位胞体模型数值模拟结果比较[J]. 华中科技大学学报(自然科学版), 31(11): 82-84.

冯西桥, 余寿文, 2002. 准脆性材料细观损伤力学[M]. 北京: 高等教育出版社.

龚敏, 2006. 干涉条纹图的 CCD 记录和数值模拟研究[D]. 北京: 北京科技大学硕士学位论文.

洪宝宁, 徐涛, 1997. 夹杂物附近循环塑性应变场的细观力学实验研究[J]. 东南大学学报(自然科学版), 27(4): 126-130.

黄培云, 1997. 粉末冶金原理[M]. 北京: 冶金工业出版社.

姜铃珍, 刘海疆, 李成江, 等, 1994. 用激光全息法研究 I 型裂纹尖端附近横向应变[J]. 激光技术, 18(2): 106-109.

姜龙涛, 武高辉, 孙东立, 2001. AlN 颗粒在不同铝合金中的增强行为[J]. 材料科学与工艺, 9(1): 47-51.

金玲, 潘家祯, 李培宁, 1996. SiC/Al 复合材料的微观结构对裂纹扩展的影响[J]. 华东理工大学学报, (6): 743-748.

李焕喜, 崔梅, 陈立强, 2001. Al$_2$O$_3$p/6061Al 的变形断裂特征和塑性[J]. 复合材料学报, 18(4): 38-41.

李佳音, 2001. 大量微裂纹的相互作用研究[D]. 北京: 清华大学硕士学位论文.

李俊昌, 郭荣鑫, 樊则宾, 2008. 非平面参考光波的数字实时全息研究[J]. 光子学报, 37(6): 1156-1160.

李昆, 金晓东, 颜本达, 等, 1992. SiC 颗粒体积分数对 SiC$_p$/Al 复合材料疲劳裂纹扩展的影响[J]. 复合材料学报, (2): 83-88.

李守新, 2005. 夹杂对高强钢疲劳性能影响的研究[J]. 中国基础科学, 7(4): 14-15.

李微, 2011. 喷射沉积 SiC$_p$/Al-Si 复合材料的疲劳行为研究[D]. 长沙: 湖南大学博士论文.

李微, 陈振华, 陈鼎, 等, 2011. 喷射沉积 SiC_P / Al-7Si 复合材料的疲劳裂纹扩展[J]. 金属学报, 47(01): 102-108.

廖敏, 杨庆雄, 1993. 复杂结构多裂纹扩展相互影响的研究[J]. 航空学报, 14(9): 524-528.

刘诚, 李良钰, 李银柱, 等, 2001. 数字全息测量技术中消除零级衍射像的方法[J]. 中国激光, A28(11): 1024-1026.

刘俊友, 刘英才, 刘国权, 等, 2002. SiC 颗粒氧化行为及 SiC$_p$/铝基复合材料界面特征[J]. 中国有色金属学报, 12(5): 961-966.

陆志文, 2005. 基于数字全息的计算机再现和变形测量技术[D]. 上海: 上海大学硕士学位论文.

罗鹏, 吕晓旭, 钟丽云, 2006. 数字全息技术研究进展及应用[J]. 激光杂志, 27(6): 8-10.

上官晓峰, 要玉宏, 马丽, 等, 2009. 应力比对铸造 TC4 钛合金疲劳裂纹扩展特性的影响[J]. 西安工业大学学报, 29(06): 556-558.

施忠良, 刘俊友, 顾明元, 等, 2002. 碳化硅颗粒增强的铝基复合材料界面微结构研究[J]. 电子显微学报, 21(1): 52-55.

汤庆辉, 叶彬, 2006. 光弹性法测定多裂纹应力强度因子研究[J]. 教练机, (1): 12-15.

王坤茜, 2012. 不同应力比下的疲劳裂纹扩展可靠性研究[D]. 昆明: 昆明理工大学博士论文.

王锐, 1990. 裂纹与夹杂物的互作用[J]. 物理学报, 39(12): 1908-1914.

王习术, 梁锋, 曾燕屏, 2005. 夹杂物对超高强度钢低周疲劳裂纹萌生及扩展影响的原位观测[J]. 金属学报, 41(12): 1272-1276.

王勖成, 邵敏, 1997. 有限单元法基本原理和数值方法[M]. 2 版. 北京: 清华大学出版社.

王杨, 于佳, 刘惠萍, 2004. 数字技术在光学全息领域的应用与前景展望[J]. 激光杂志, 25(4): 13-15.

王中光, 1900. 材料的疲劳[M]. 2 版. 北京: 国防工业出版社.

肖体乔, 徐至展, 陈建文, 等, 1996. 数字重现无透镜傅里叶变换 X 射线全息的实验模拟研究[J]. 光学学报, 16(9): 1285-1290.

谢锡善, 张丽娜, 张麦仓, 等, 2002. 镍基粉末高温合金中夹杂物的微观力学行为研究[J]. 金属学报, 38(6): 635-642.

熊秉衡, 王正荣, 2001. 实时全息术检测透明物的一种新方法[J]. 光学学报, 21(7): 841-845.

许昭永, 熊秉衡, 2002. Y 形块体交界处多点大破裂的模拟实验研究[J]. 地球物理学报, 45(s1): 214-224.

闫相桥, 2006. A numerical analysis of stress intensity factors for cracks emanating from an elliptical hole in a rectangular plate under biaxial loads[J]. 哈尔滨工业大学学报: 英文版, 13(6): 740-744.

闫相桥, 2007. 无限大板椭圆孔的分支裂纹的边界元分析[J]. 哈尔滨工业大学学报, 39(7): 1084-1087.

杨桂通, 2000. 塑性动力学[M]. 北京: 高等教育出版社.

杨卫, 1995. 宏微观断裂力学[M]. 北京: 国防工业出版社.

杨振国, 张继明, 李守新, 等, 2005. 高周疲劳条件下高强钢临界夹杂物尺寸估算[J]. 金属学报, 41(11): 1136-1142.

郁道银, 谈恒英, 2000. 工程光学[M]. 北京: 机械工业出版社.

张宏图, 折晓黎, 1981. 夹杂理论及其在断裂研究中的应用[J]. 物理学报, 30(6): 761-774.

张璟伟, 2012. 挤压铸造法制备 Ti2AlC 颗粒增强铝基复合材料的组织及性能研究[D]. 哈尔滨: 哈尔滨工业大学硕士论文.

张讯, 李金瀛, 1995. 裂纹群干扰效应的光弹性法测定[J]. 华北电力学院学报, (4): 75-79.

赵爱红, 虞吉林, 1999. 含正交排列夹杂和缺陷材料的等效弹性模量和损伤[J]. 力学学报, 31(4): 475-483.

赵清澄, 1996. 光测力学教程[M]. 北京: 高等教育出版社.

周志男, 2011. 搅拌摩擦加工制备 TiNi 颗粒增强 Al 基复合材料的研究[D]. 沈阳: 沈阳航空航天大学硕士论文.

朱明亮, 2011. 汽轮机转子钢近门槛值区的裂纹扩展与超高周疲劳行为研究[D]. 上海: 华东理工大学博士论文.

邹化民, 刘骏, 丁棣华, 等, 1996. 复合材料界面微观应力场的 CBED 研究[J]. 电子显微学报, (6): 518.

邹化民, 王仁卉, 2002. 界面残余应变场的会聚束电子衍射测定[J]. 电子显微学报, 21(3): 234-239.

邹利华, 樊建中, 左涛, 等, 2010. 粉末冶金 15%SiC$_p$/2009Al 复合材料的高周疲劳性能[J]. 中国有色金属学报, 20(10): 1955-1961.

ACHOUR T, BOUIADJRA B B, OUINAS D, et al, 2007. Analysis of the effect of notch-inclusion interaction in a plate under tensile load[J]. Computational materials science, 39(3): 495-501.

AKHLAGHI F, 2010. Fabrication of Al/Al$_2$O$_3$composites by in-situ powder metallurgy (IPM)[J]. Acta crystallographica, 51(2): 326-330.

ANDERSON T L, 2005. Fracture mechanics: fundamentals and applications surjya kumar maiti [M]. Boca Raton: CRC Press.

AYYAR A, CHAWLA N, 2006. Microstructure-based modeling of crack growth in particle reinforced composites[J]. Composites science and technology, 66(13): 1980-1994.

BENEDIKT B, LEWIS M, RANGASWAMY P, 2006. On elastic interactions between spherical inclusions by the equivalent inclusion method[J]. Computational materials science, 37(3): 380-392.

BROCKENBROUGH J R, SURESH S, WIENECKE H A, 1991. Deformation of metal-matrix composites with continuous fibers: Geometrical effects of fiber distribution and shape[J]. Acta metallurgica et materialia, 39(5): 735-752.

BUDIANSKY B, 1965. On the elastic moduli of some heterogeneous materials[J]. Journal of the mechanics & physics of solids, 13(4): 223-227.

CAPPELLI M D, CARLSON R L, KARDOMATEAS G A, 2008. The transition between small and long fatigue crack behavior and its relation to microstructure[J]. International journal of fatigue, 30(8): 1473-1478.

CHAN K S, TIAN J W, YANG B, et al, 2009. Evolution of Slip Morphology and Fatigue Crack Initiation in Surface Grains of Ni200[J]. Metallurgical & materials transactions A, 40(11): 2545-2556.

CHEN Y Q, PAN S P, ZHOU M Z, et al, 2013. Effects of inclusions, grain boundaries and grain orientations on the fatigue crack initiation and propagation behavior of 2524-T3 Al alloy[J]. Materials science & engineering A, 580: 150-158.

CHEN Z Z, TOKAJI K, MINAGI A, 2001. Particle size dependence of fatigue crack propagation in SiC particulate-reinforced aluminium alloy composites[J]. Journal of materials science, 36(20): 4893-4902.

CHUDNOVSKY A, KACHANOV M, 1983. Interaction of a crack with a field of microcracks[J]. International journal of engineering science, 21(8): 1009-1018.

CLYNE T W, 1996. 金属基复合材料导论[M]. 余永宁, 等, 译. 北京: 冶金工业出版社.

CUCHE E, MARQUET P, DPEURSINGE C, 2000. Spatial filtering for zero-order and twin-image elimination in digital off-axis holography[J]. Applied optics, 39(23): 4070-4075.

DENG G J, TU S T, WANG Q Q, et al, 2014. Small fatigue crack growth mechanisms of 304 stainless steel under different stress levels[J]. International journal of fatigue, 64(7): 14-21.

DONG C Y, LO S H, CHEUNG Y K, 2003. Numerical solution of 3D elastostatic inclusion problems using the volume integral equation method[J]. Computer methods in applied mechanics & engineering, 192(1): 95-106.

DU B, YANG J, CUI C, et al, 2015. Effects of grain size on the high-cycle fatigue behavior of IN792 superalloy[J]. Materials & Design, 65: 57-64.

DUNN M L, LEDBETTER H, 1997. Elastic-plastic behavior of textured short-fiber composites[J]. Actamaterialia, 45(8): 3327-3340.

EDWARDS R H, 1952. Stress concentration around spheroidal inclusions and cavities[J]. Journal of applied mechanics, 19(1): 19-30.

ESHELBY J D, 1959. The elastic field outside an ellipsoidal inclusion[J]. Proceedings of the royal society of london, 252(1271): 561-569.

GASEM Z M, 2012. Fatigue crack growth behavior in powder-metallurgy 6061 aluminum alloy reinforced with submicron Al_2O_3, particulates[J]. Composites part B engineering, 43(8): 3020-3025.

GONG S X, HORII H, 1989. General solution to the problem of microcracks near the tip of a main crack[J]. Journal of the mechanics & physics of solids, 37(1): 27-46.

GOODMAN J W, LAWRENCE R W, 1967. Digital image formation from electronically detected holograms[J]. Applied physics letters, 11(3): 77-79.

Guan M, Yu H, 2013. Fatigue crack growth behaviors in hot-rolled low carbon steels: A comparison between ferrite-pearlite and ferrite–bainite microstructures[J]. Materials science and engineering: A (Structural materials: properties, microstructure and processing), 559(none): 875-881.

GUO R X, FAN Z B, QIN HY, et al, 2007.Measurement of out-of-plane displacement with a digital real-time holography[C].The 3rd International Symposium on Advanced Manufacturing and Testing Technology, Chengdu, China.

HASHIN Z, SHTRIKMAN S, 1963. A variational approach to the theory of the elastic behaviour of multiphase materials[J]. Journal of the mechanics & physics of solids, 11(2): 127-140.

HERSHEY A V, 1954. The elasticity of an isotropic aggregate of anisotropic cubic crystals[J]. J Appl Mech, 21: 226-240.

HILL R, 1965. Continuum micro-mechanics of elastoplasticpolycrystals[J]. Journal of the mechanics & physics of solids, 13(2): 89-101.

HORII H, NEMAT-NASSER S, 1985. Elastic fields of interacting inhomogeneities[J]. International journal of solids & structures, 21(7): 731-745.

Hu Y M, Floer W, Krupp U, et al, 2000. Microstructurally short fatigue crack initiation and growth in Ti-6.8Mo-4.5Fe-1.5Al[J]. Materials science and engineering A, 278(1-2): 170-180.

HUANG T, 1971. Digital holography[J]. Proc. of IEEE, 59(9): 1335-1346.

Järvenpää A, Karjalainen L P, Jaskari M, 2014. Effect of grain size on fatigue behavior of Type 301LN stainless steel[J]. International journal of fatigue, 65: 93-98.

JOSÉ B, 2000. X-ray Tomography in Material Science[M]. Butterworth-heineman.

KACHANOV M, MONTAGUT E, 1986. Interaction of a crack with certain microcrackarrays[J]. Engineering fracture mechanics, 25(5): 625-636.

KERNER E H, 1956. The electrical conductivity of composite media[J]. Proceedings of the physical society, 69: 801-808.

Kitagawa H, Yuuki R, Ohira T, 1975. Crack-morphological aspects in fracture mechanics[J]. Engineering fracture mechanics, 7(3): 515-529.

Kondo T, Imaoka T, Hirakata H, et al, 2013. Effects of stress ratio on fatigue crack propagation properties of submicron-thick free-standing copper films[J]. Acta materialia, 61(16): 6310-6327.

KREIS T M, 2002. Frequency analysis of digital holography[J]. Optical engineering, 41(4): 771-778.

KREIS T, 2004. Handbook of holographic interferometry optical and digital methods[M]. Bremen: Wiley-VCH.

KRÖNER E, 1958. Berechnung der elastischenkonstanten des vielkristallsaus den konstanten des einkristalls[J]. Zeitschriftfürphysik, 151(4): 504-518.

Kushch V I, Shmegera S V, Br Ndsted P, et al, 2011. Numerical simulation of progressive debonding in fiber reinforced composite under transverse loading[J]. International journal of engineering science, 49(1): 17-29.

LEITH E N, UPATNIEKS J, 1962. Reconstructed wavefronts and communication theory[J]. Journal of the optical society of America, 52(10): 1123-1130.

LEITH E N, UPATNIEKS J, 1964.Wavefront reconstruction with diffused illumination and three- dimensional objects[J]. Journal of the optical society of America, 54(11): 1295-1301.

LI C, ELLYIN F, 2000. A mesomechanical approach to inhomogeneous particulate composite undergoing localized damage: part II—Theory and application[J]. International journal of solids & structures, 37(10): 1389-1401.

LI Z, SCHMAUDER S, WANNER A, et al, 1995. Expressions to characterize the flow behavior of particle-reinforced composites based on axisymmetric unit cell models[J]. Scripta metallurgica et materialia, 33(8): 1289-1294.

LLORCA J, 2002. Fatigue of particle-and whisker-reinforced metal-matrix composites[J]. Progress in materials science, 47(3): 283-353.

LLORCA J, SEGURADO J, 2004. Three-dimensional multiparticle cell simulations of deformation and damage in sphere-reinforced composites[J]. Materials science & engineering A, 365(1): 267-274.

MORI T, TANAKA K, 1973. Average stress in matrix and average elastic energy of materials with misfittinginclusions[J]. Actametallurgica, 21(5): 571-574.

MOSCHOVIDIS Z A, 1975. Two ellipsoidal inhomogeneities and related problems treated by the equivalent inclusion method[D]. Evanston: Northwestern University.

MURA T, 1987. Micromechanics of defects in solids[M]. 2nd ed. Dordrecht, Netherlands: Martinus Nijhoff Publisher.

MURAKAMI Y, ENDO M, 1994. Effects of defects, inclusions and inhomogeneities on fatigue strength[J]. International journal of fatigue, 16(3): 163-182.

NAKASONE Y, NISHIYAMA H, NOJIRI T, 2000. Numerical equivalent inclusion method: A new computational method for analyzing stress fields in and around inclusions of various shapes[J]. Materials science & engineering A, 285(1-2): 229-238.

NUGENT E E, CALHOUN R B, MORTENSEN A, 1997. Experimental investigation of stress and strain fields in a ductile matrix surrounding an elastic inclusion[J]. Acta materialia, 48(7): 1451-1467.

PEARSON S, 1975. Initiation of fatigue cracks in commercial aluminium alloys and the subsequent propagation of very short cracks[J]. Engineering fracture mechanics, 7(2): 235-247.

ROATTA A, BOLMARO R E, 1997. An eshelby inclusion-based model for the study of stresses and plastic strain localization in metal matrix composites I: General formulation and its application to round particles[J]. Materials science & engineering A, 229(1-2): 182-191.

SADOWSKY M A, STERNBERG E, 1949. Stress concentration around a triaxial ellipsoidal cavity[J]. Journal of applied mechanics, 71: 149-157.

SCHIJVE J, 1981. Some formulas for the crack opening stress level[J]. Engineering fracture mechanics, 14(3): 461-465.

SCHNARS U, JÜPTNER W, 1994. Direct recording of holograms by a CCD target and numerical reconstruction[J]. Applied optics, 33(2): 179-181.

SEGURADO J, LLORCA J, 2002. A numerical approximation to the elastic properties of sphere-reinforced composites[J]. Journal of the mechanics & physics of solids, 50(10): 2107-2121.

SEGURADO J, LLORCA J, 2004. A new three-dimensional interface finite element to simulate fracture in composites[J]. International journal of solids & structures, 41(11): 2977-2993.

SENDECKJ G P, 1967. Ellipsoidal inhomogeneity problem[D]. Evanston: Northwestern University.

SHANG J K, RITCHIE R O, 1989. On the particle-size dependence of fatigue-crack propagation thresholds in SiC-particulate-reinforced aluminum-alloy composites: role of crack closure and crack trapping[J]. Acta metallurgica, 37(8): 2267-2278.

SHANG J K, YU W, RITCHIE R O, 1988. Role of silicon carbide particles in fatigue crack growth in SiC-particulate-reinforced aluminum alloy composites[J]. Materials science and engineering , 102(2): 181-192.

SHI X H, ZENG W D, SHI C L, et al, 2015. The effects of colony microstructure on the fatigue crack growth behavior for Ti–6A1–2Zr–2Sn–3Mo–1Cr–2Nb titanium alloy[J]. Materials science and engineering: A, 621: 252-258.

SHODJA H M, RAD I Z, SOHEILIFARD R, 2003. Interacting cracks and ellipsoidal inhomogeneities by the equivalent inclusion method[J]. Journal of the mechanics & physics of solids, 51(5): 945-960.

STERNBERG E, SADOWSKY M A, 1952. On the axisymmetric problem of the theory of elasticity for an infinite region containing two spherical cavities[J]. International applied mechanics: 19-27.

SUGIMURA Y, SURESH S, 1992. Effects of sic content on fatigue crack growth in[J]. Metallurgical transactions A, 23(8): 2231-2242.

TSZENG T C, 1994a. Micromechanics characterization of unidirectional composites during multiaxial plastic deformation[J]. Journal of composites materials, 28(28): 800-820.

TSZENG T C, 1994b. Micromechanics of partially aligned short-fiber composites with reference to deformation processing[J]. Composites science & technology, 51(1): 75-84.

TSZENG T C, 2000. Interficial stress and void nucleation in distontinuously reinforced composites[J]. Journal of materials science and engineering, 122(1): 86-92.

VGANESH V, 2004. Three-dimensional (3D) microstructure visualization and finite element modeling of the mechanical behavior of heterogeneous materials[J]. Scripta materialia, 51(2): 161-165.

WANG F, MENG X, MA N, et al, 2012. The relationship between TiB2volume fraction and fatigue crack growth behavior in the in situ TiB2/A356 composites[J]. Journal of materials science, 47(7): 3361-3366.

WANG S H, MÜLLER C, 1998. Fatigue crack closure and crack growth behaviour in a titanium alloy with different microstructures[J]. Journal of materials science, 33(18): 4509-4516.

WOLF E, 1970. Fatigue crack closure under cyclic tension[J]. Engineering fracture mechanics, 2(1): 37-45.

XIAO Z M, LIM M K, LIEW K M, 1994. Stress intensity factor of an elliptical crack as influenced by a spherical inhomogeneity[J]. Theoretical & applied fracture mechanics, 21(3): 219-232.

XIONG B, WANG Z, LI J, et al, 2002.Some novel methods in real-time holographic interferometry[C]. SPIE, Electronic Imaging 2002, San Jose, California, USA.

YANG N, SINCLAIR I, 2003. Fatigue crack growth in a particulate TiB_2-reinforced powder metallurgy iron-based composite[J]. Metallurgical and materials transactions A (Physical metallurgy and, Materials science), 34(9): 2017-2024.

YE C, SHI J, CHENG G J, 2012, An eXtended finite element method (xfem) study on the effect of reinforcing particles on the crack propagation behavior in a metal-matrix composite[J]. International journal of fatigue, 44: 151-156.

ZHANG Y, QIENI L Ü, BAOZHEN G E, 2004. Elimilation of zero-order diffraction in digital off-axis holography[J]. Optics communication, 240: 261-267.

ZHENG Q S, DU D X, 2001. An explicit and universally applicable estimate for the effective properties of multiphase composites which accounts for inclusion distribution[J]. Journal of the mechanics & physics of solids, 49(11): 2765-2788.

附录 A 数值计算程序中采用的公式和定义

1. 基于位势理论的一些结果

设密度为 $\rho(\underset{\sim}{x})$ 的物体 Ω 的调和势为

$$P(\underset{\sim}{x}) = \iiint\limits_{\Omega} \frac{\rho(\underset{\sim}{x}')\mathrm{d}\underset{\sim}{x}'}{|\underset{\sim}{x} - \underset{\sim}{x}'|}$$

式中，$|\underset{\sim}{x} - \underset{\sim}{x}'|$ 是从 $\underset{\sim}{x}$ 点到 Ω 内的 $\underset{\sim}{x}'$ 点的距离；$\mathrm{d}\underset{\sim}{x}' = \mathrm{d}x_1'\mathrm{d}x_2'\mathrm{d}x_3'$。

设 Ox_1, Ox_2, Ox_3 坐标与椭球半轴重合，椭球 Ω 的密度为：

$$\rho(\underset{\sim}{x}) = \frac{m}{\pi a_1 a_2 a_3}\left(1 - \frac{x_i x_i}{a_I^2}\right)^{m-1} f\left(\frac{x_1}{a_1}, \frac{x_2}{a_2}, \frac{x_3}{a_3}\right), \quad m > 0$$

则其调和势可表示为

$$P(\underset{\sim}{x}) = \int_\lambda^\infty U^m \sum_{n=0}^\infty \frac{s^n U^n}{2^{2n} n!(n+m)!/m!} L^n f\left(\frac{a_1 x_1}{a_1^2 + s}, \frac{a_2 x_2}{a_2^2 + s}, \frac{a_3 x_3}{a_3^2 + s}\right)\frac{\mathrm{d}s}{\Delta} \quad (\text{A.1-1})$$

式中，

$$U(s) = 1 - \frac{x_i x_i}{a_I^2 + s} \quad (\text{A.1-2})$$

$$\Delta(s) = \sqrt{(a_1^2 + s)(a_2^2 + s)(a_3^2 + s)} \quad (\text{A.1-3})$$

$$L = \frac{a_I^2 + s}{a_I^2} \frac{\partial}{\partial x_i} \frac{\partial}{\partial x_i} \quad (\text{A.1-4})$$

此外，对于椭球体外面的点，λ 是方程 (A.1-5) 的最大正根：

$$\frac{x_i x_i}{a_I^2 + \lambda} = 1 \quad (\text{A.1-5})$$

对于椭球体内部的点，则有 $\lambda = 0$。

当 $m = 1$，$f\left(\dfrac{x_i}{a_I}\right) = \pi a_1 a_2 a_3 a_I a_J \cdots \left(\dfrac{x_i}{a_I}\right)\left(\dfrac{x_j}{a_J}\right)\cdots$ 时，由方程 (A.1-1) 可得密度为

$\rho(\underset{\sim}{x}) = x_i x_j \cdots$ 的椭球的位势如下：

$$\phi_{ij\cdots}(\underset{\sim}{x}) = \iiint\limits_{\Omega} \frac{x_i' x_j' \cdots \mathrm{d}\underset{\sim}{x}'}{|\underset{\sim}{x} - \underset{\sim}{x}'|}$$

$$= \pi a_1 a_2 a_3 a_i^2 a_j^2 \cdots \int_\lambda^\infty U \sum_{n=0}^\infty \frac{s^n U^n}{2^{2n} n!(n+1)!} L^n\left(\frac{x_i}{a_I^2 + s}\frac{x_j}{a_J^2 + s}\cdots\right)\frac{\mathrm{d}s}{\Delta} \quad (\text{A.1-6})$$

定义变量:

$$\psi_{i,j\cdots}(\underline{x}) = \iiint_{\Omega} x_i' x_j' \cdots \left|\underline{x} - \underline{x}'\right| d\underline{x}' \tag{A.1-7}$$

式中,

$$\left|\underline{x} - \underline{x}'\right| = (x_i x_i - 2x_i x_i' + x_i' x_i') / \left|\underline{x} - \underline{x}'\right| \tag{A.1-8}$$

则由式(A.1-7)得

$$\psi_{jk\cdots} = x_i x_i \phi_{jk\cdots} - 2x_i \phi_{ijk\cdots} + \phi_{iijk\cdots} \tag{A.1-9}$$

将式(A.1-6)代入式(A.1-9)得

$$\psi_{ij\cdots}(\underline{x}) = \pi a_1 a_2 a_3 a_I^2 a_J^2 \cdots \int_\lambda^\infty U \sum_{n=0}^\infty \frac{s^n U^n}{2^{2n} n!(n+1)!} \left\{ x_h x_h L^n \left(\frac{x_i}{a_I^2+s} \frac{x_j}{a_J^2+s} \cdots \right) \right.$$
$$\left. - 2x_h a_H^2 L^n \left(\frac{x_h}{a_H^2+s} \frac{x_i}{a_I^2+s} \frac{x_j}{a_J^2+s} \cdots \right) + a_H^4 L^n \left[\frac{x_h x_h}{(a_H^2+s)^2} \frac{x_i}{a_I^2+s} \frac{x_j}{a_J^2+s} \cdots \right] \right\} \frac{ds}{\Delta} \tag{A.1-10}$$

2. $\phi_{i,j\cdots}(\underline{x})$ 和 $\psi_{i,j\cdots}(\underline{x})$ 的导数

$$\phi = \pi a_1 a_2 a_3 \int_\lambda^\infty \frac{Uds}{\Delta} \tag{A.2-1}$$

$$\phi_n = \pi a_1 a_2 a_3 a_N^2 x_n \int_\lambda^\infty \frac{Uds}{(a_N^2+s)\Delta} \tag{A.2-2}$$

$$\phi_{jk} = \pi a_1 a_2 a_3 a_J^2 \left[x_j x_k a_K^2 \int_\lambda^\infty \frac{Uds}{(a_J^2+s)(a_K^2+s)\Delta} + \frac{1}{4}\delta_{kj} \int_\lambda^\infty \frac{U^2 sds}{(a_J^2+s)\Delta} \right] \tag{A.2-3}$$

$$\phi_{ijk} = \pi a_1 a_2 a_3 a_I^2 \left[x_i x_j x_k a_J^2 a_K^2 \int_\lambda^\infty \frac{Uds}{(a_I^2+s)(a_J^2+s)(a_K^2+s)\Delta} \right.$$
$$+ \frac{1}{4} a_J^2 (\delta_{ik} x_j + \delta_{jk} x_i) \int_\lambda^\infty \frac{U^2 sds}{(a_I^2+s)(a_J^2+s)\Delta}$$
$$\left. + \frac{1}{4} a_K^2 \delta_{ij} x_k \int_\lambda^\infty \frac{U^2 sds}{(a_I^2+s)(a_K^2+s)\Delta} \right] \tag{A.2-4}$$

$$\phi_{ijkl} = \pi a_1 a_2 a_3 a_I^2 a_J^2 a_K^2 a_L^2 \int_\lambda^\infty \frac{Uds}{\Delta} \left[\frac{x_i x_j x_k x_l}{(a_I^2+s)(a_J^2+s)(a_K^2+s)(a_L^2+s)} \right.$$
$$\left. + \frac{sU}{8}\xi_{ijkl}^1 + \frac{s^2 U^2}{192}\xi_{ijkl}^2 \right] \tag{A.2-5}$$

式中,

$$\xi_{ijkl}^1 = L\left[\frac{x_i x_j x_k x_l}{(a_I^2+s)(a_J^2+s)(a_K^2+s)(a_L^2+s)} \right] \tag{A.2-6}$$

$$\xi_{ijkl}^2 = L(\xi_{ijkl}^1) \tag{A.2-7}$$

L 运算符见式(A.1-4)

方程(A.2-6)和方程(A.2-7) 可以显性表示为

$$\xi_{ijkl}^1 = \frac{\delta_{ij}x_k x_l + \delta_{ik}x_j x_l + \delta_{il}x_j x_k}{a_I^2(a_J^2 + s)(a_K^2 + s)(a_L^2 + s)} + \cdots \tag{A.2-8}$$

$$\xi_{ijkl}^2 = 8\left[\frac{\delta_{ij}\delta_{kl}}{a_I^2 a_K^2 (a_I^2 + s)(a_K^2 + s)} + \frac{\delta_{jk}\delta_{li} + \delta_{ik}\delta_{jl}}{a_I^2 a_J^2 (a_I^2 + s)(a_J^2 + s)}\right] \tag{A.2-9}$$

由位势函数 $\phi_{ij\ldots}$ 即可推出双调和势函数 $\psi_{ij\ldots}$：

$$\psi_i = -\frac{1}{4}\pi a_1 a_2 a_3 a_I^2 x_i \int_\lambda^\infty \frac{U^2 s}{(a_I^2 + s)}\mathrm{d}s \tag{A.2-10}$$

$$\psi_{jk} = \pi a_1 a_2 a_3 \left\{-\frac{1}{4}a_J^2 a_K^2 x_j x_k \int_\lambda^\infty \frac{sU^2\mathrm{d}s}{(a_J^2 + s)(a_K^2 + s)\Delta}\right.$$

$$\left. + \frac{1}{12}a_J^2 \delta_{jk} \int_\lambda^\infty \frac{\partial}{\partial s}\left[\frac{s^3 U^3}{(a_J^2 + s)\Delta}\right]\mathrm{d}s - \frac{1}{24}a_J^2 \delta_{jk} \int_\lambda^\infty \frac{s^2 U^3}{(a_J^2 + s)\Delta}\mathrm{d}s\right\} \tag{A.2-11}$$

3. I 积分及其导数

为节约篇幅，在此仅给出在本书的数值计算程序中采用的主要公式。

(1)对于椭球($a_1 > a_2 > a_3$)：

此时，$I(\lambda)$、$I_2(\lambda)$、$I_3(\lambda)$ 均可由标准椭圆积分来表示，所以，

$$I(\lambda) = \frac{4\pi a_1 a_2 a_3}{\sqrt{a_1^2 - a_3^2}}F(\theta, K) \tag{A.3-1}$$

$$I_1(\lambda) = 4\pi a_1 a_2 a_3 \frac{F(\theta, K) - E(\theta, K)}{(a_1^2 - a_2^2)\sqrt{a_1^2 - a_3^2}} \tag{A.3-2}$$

$$I_2(\lambda) = 4\pi a_1 a_2 a_3 \left[\frac{\sqrt{a_1^2 - a_3^2}}{(a_1^2 - a_2^2)(a_2^2 - a_3^2)}E(\theta, K) - \frac{F(\theta, K)}{(a_1^2 - a_2^2)\sqrt{a_1^2 - a_3^2}}\right.$$

$$\left. - \frac{1}{a_2^2 - a_3^2}\sqrt{\frac{a_3^2 + \lambda}{(a_1^2 + \lambda)(a_2^2 + \lambda)}}\right] \tag{A.3-3}$$

$$I_3(\lambda) = \frac{4\pi a_1 a_2 a_3}{(a_2^2 - a_3^2)\sqrt{a_1^2 - a_3^2}}\left[\sqrt{\frac{(a_2^2 + \lambda)(a_1^2 - a_3^2)}{(a_3^2 + \lambda)(a_1^2 + \lambda)}} - E(\theta, K)\right]$$

$$= \frac{4\pi a_1 a_2 a_3}{\Delta(\lambda)} - I_1(\lambda) - I_2(\lambda) \tag{A.3-4}$$

$$I_{12}(\lambda) = [I_2(\lambda) - I_1(\lambda)]/(a_1^2 - a_2^2) \tag{A.3-5}$$

$$I_{13}(\lambda) = [I_3(\lambda) - I_1(\lambda)] / (a_1^2 - a_3^2) \qquad \text{(A.3-6)}$$

$$I_{23}(\lambda) = [I_3(\lambda) - I_2(\lambda)] / (a_2^2 - a_3^2) \qquad \text{(A.3-7)}$$

$$3I_{11}(\lambda) = 4\pi a_1 a_2 a_3 / [(a_1^2 + \lambda)\Delta(\lambda)] - I_{12}(\lambda) - I_{13}(\lambda) \qquad \text{(A.3-8)}$$

$$3I_{22}(\lambda) = 4\pi a_1 a_2 a_3 / [(a_2^2 + \lambda)\Delta(\lambda)] - I_{12}(\lambda) - I_{23}(\lambda) \qquad \text{(A.3-9)}$$

$$3I_{33}(\lambda) = 4\pi a_1 a_2 a_3 / [(a_3^2 + \lambda)\Delta(\lambda)] - I_{13}(\lambda) - I_{23}(\lambda) \qquad \text{(A.3-10)}$$

$$I_{123}(\lambda) = [I_{23}(\lambda) - I_{13}(\lambda)] / (a_1^2 - a_2^2) \qquad \text{(A.3-11)}$$

$$I_{112}(\lambda) = [I_{12}(\lambda) - I_{11}(\lambda)] / (a_1^2 - a_2^2) \qquad \text{(A.3-12)}$$

$$I_{113}(\lambda) = [I_{13}(\lambda) - I_{11}(\lambda)] / (a_1^2 - a_3^2) \qquad \text{(A.3-13)}$$

$$I_{122}(\lambda) = [I_{12}(\lambda) - I_{22}(\lambda)] / (a_2^2 - a_1^2) \qquad \text{(A.3-14)}$$

$$I_{223}(\lambda) = [I_{23}(\lambda) - I_{22}(\lambda)] / (a_2^2 - a_3^2) \qquad \text{(A.3-15)}$$

$$I_{133}(\lambda) = [I_{33}(\lambda) - I_{13}(\lambda)] / (a_1^2 - a_3^2) \qquad \text{(A.3-16)}$$

$$I_{233}(\lambda) = [I_{33}(\lambda) - I_{23}(\lambda)] / (a_2^2 - a_3^2) \qquad \text{(A.3-17)}$$

$$5I_{111}(\lambda) = 4\pi a_1 a_2 a_3 / [(a_1^2 + \lambda)^2 \Delta(\lambda)] - I_{112}(\lambda) - I_{113}(\lambda) \qquad \text{(A.3-18)}$$

$$5I_{222}(\lambda) = 4\pi a_1 a_2 a_3 / [(a_2^2 + \lambda)^2 \Delta(\lambda)] - I_{122}(\lambda) - I_{223}(\lambda) \qquad \text{(A.3-19)}$$

$$5I_{333}(\lambda) = 4\pi a_1 a_2 a_3 / [(a_3^2 + \lambda)^2 \Delta(\lambda)] - I_{133}(\lambda) - I_{233}(\lambda) \qquad \text{(A.3-20)}$$

$$\begin{aligned} I_{1123}(\lambda) &= [I_{113}(\lambda) - I_{112}(\lambda)] / (a_2^2 - a_3^2) \\ &= [I_{123}(\lambda) - I_{112}(\lambda)] / (a_1^2 - a_3^2) \end{aligned} \qquad \text{(A.3-21)}$$

$$\begin{aligned} I_{2231}(\lambda) &= [I_{223}(\lambda) - I_{221}(\lambda)] / (a_1^2 - a_3^2) \\ &= [I_{223}(\lambda) - I_{123}(\lambda)] / (a_1^2 - a_2^2) \end{aligned} \qquad \text{(A.3-22)}$$

$$\begin{aligned} I_{3312}(\lambda) &= [I_{332}(\lambda) - I_{331}(\lambda)] / (a_1^2 - a_2^2) \\ &= [I_{331}(\lambda) - I_{123}(\lambda)] / (a_2^2 - a_3^2) \end{aligned} \qquad \text{(A.3-23)}$$

$$I_{1112}(\lambda) = [I_{112}(\lambda) - I_{111}(\lambda)] / (a_1^2 - a_2^2) \qquad \text{(A.3-24)}$$

$$I_{2223}(\lambda) = [I_{223}(\lambda) - I_{222}(\lambda)] / (a_2^2 - a_3^2) \qquad \text{(A.3-25)}$$

$$I_{3331}(\lambda) = [I_{333}(\lambda) - I_{331}(\lambda)] / (a_1^2 - a_3^2) \qquad \text{(A.3-26)}$$

$$I_{1113}(\lambda) = [I_{113}(\lambda) - I_{111}(\lambda)] / (a_1^2 - a_3^2) \qquad \text{(A.3-27)}$$

$$I_{2221}(\lambda) = [I_{222}(\lambda) - I_{221}(\lambda)] / (a_1^2 - a_2^2) \qquad \text{(A.3-28)}$$

$$I_{3332}(\lambda) = [I_{333}(\lambda) - I_{332}(\lambda)] / (a_2^2 - a_3^2) \qquad \text{(A.3-29)}$$

$$3I_{1122}(\lambda) = \frac{4\pi a_1 a_2 a_3}{(a_1^2 + \lambda)^2 (a_2^2 + \lambda)\Delta(\lambda)} - 5I_{1112}(\lambda) - I_{1123}(\lambda) \tag{A.3-30}$$

$$3I_{2233}(\lambda) = \frac{4\pi a_1 a_2 a_3}{(a_2^2 + \lambda)^2 (a_3^2 + \lambda)\Delta(\lambda)} - 5I_{2223}(\lambda) - I_{2231}(\lambda) \tag{A.3-31}$$

$$3I_{3311}(\lambda) = \frac{4\pi a_1 a_2 a_3}{(a_3^2 + \lambda)^2 (a_1^2 + \lambda)\Delta(\lambda)} - 5I_{3331}(\lambda) - I_{3312}(\lambda) \tag{A.3-32}$$

$$7I_{1111}(\lambda) = \frac{4\pi a_1 a_2 a_3}{(a_1^2 + \lambda)^3 \Delta(\lambda)} - I_{1112}(\lambda) - I_{1113}(\lambda) \tag{A.3-33}$$

$$7I_{2222}(\lambda) = \frac{4\pi a_1 a_2 a_3}{(a_2^2 + \lambda)^3 \Delta(\lambda)} - I_{2223}(\lambda) - I_{2221}(\lambda) \tag{A.3-34}$$

$$7I_{3333}(\lambda) = \frac{4\pi a_1 a_2 a_3}{(a_3^2 + \lambda)^3 \Delta(\lambda)} - I_{3331}(\lambda) - I_{3332}(\lambda) \tag{A.3-35}$$

(2) 对于扁球体 $(a_1 = a_2 > a_3)$：

$$I(\lambda) = \frac{4\pi a_1^2 a_3}{\sqrt{a_1^2 - a_3^2}} \left(\frac{\pi}{2} - \arctan \frac{\sqrt{a_3^2 + \lambda}}{\sqrt{a_1^2 - a_3^2}} \right) = \frac{4\pi a_1^2 a_3}{\sqrt{a_1^2 - a_3^2}} \arccos b \tag{A.3-36}$$

$$I_1(\lambda) = I_2(\lambda) = 2\pi a_1^2 a_3 (\arccos b - bd) / (a_1^2 - a_3^2)^{1/2} \tag{A.3-37}$$

$$I_3(\lambda) = \frac{4\pi a_1^2 a_3}{\Delta(\lambda)} - 2I_2(\lambda) = 4\pi a_1^2 a_3 \left(\frac{d}{b} - \arccos b \right) \bigg/ (a_1^2 - a_3^2)^{1/2} \tag{A.3-38}$$

式中，$b = \sqrt{(a_3^2 + \lambda)/(a_1^2 + \lambda)}$；$d = \sqrt{(a_1^2 - a_3^2)/(a_1^2 + \lambda)}$。

(3) 对于长球体 $(a_1 > a_2 = a_3)$：

$$I(\lambda) = -\frac{2\pi a_1 a_3^2}{\sqrt{a_1^2 - a_3^2}} \ln \frac{\sqrt{a_1^2 + \lambda} - \sqrt{a_1^2 - a_3^2}}{\sqrt{a_1^2 + \lambda} + \sqrt{a_1^2 - a_3^2}} = \frac{4\pi a_1^2 a_3}{\sqrt{a_1^2 - a_3^2}} \arccos(h\bar{b}) \tag{A.3-39}$$

$$I_1(\lambda) = 4\pi a_1 a_3^2 \left[\arccos(h\bar{b}) - \bar{d}/\bar{b} \right] / (a_1^2 - a_3^2)^{3/2} \tag{A.3-40}$$

$$\begin{aligned} I_2(\lambda) = I_3(\lambda) &= \frac{2\pi a_1^2 a_3}{\Delta(\lambda)} - \frac{1}{2} I_1(\lambda) \\ &= 2\pi a_1 a_3^2 [\bar{b}\bar{d} - \arccos(h\bar{b})] / (a_1^2 - a_3^2)^{3/2} \end{aligned} \tag{A.3-41}$$

式中，$\bar{b} = \sqrt{(a_1^2 + \lambda)/(a_3^2 + \lambda)}$；$\bar{d} = \sqrt{(a_1^2 - a_3^2)/(a_3^2 + \lambda)}$。

(4) 对于球体 $(a_1 = a_2 = a_3 = a)$：

$$I(\lambda) = 4\pi a^3 / (a^2 + \lambda)^{1/2} \tag{A.3-42}$$

$$I_1(\lambda) = 4\pi a^3 / [3(a^2 + \lambda)^{3/2}] \tag{A.3-43}$$

一般表达式为

$$\underbrace{I_{ij\cdots k}(\lambda)}_{n} = \frac{4\pi a^3}{(2n+1)(a^2+\lambda)^{n+\frac{1}{2}}}, \quad i,j,\cdots,k=1,2,3 \tag{A.3-44}$$

式(A.3-44)可进一步简化为

$$I_{ij\cdots k,p}(\lambda) = A_{ij\cdots k}(\lambda)\lambda_{,p} \tag{A.3-45}$$

$$I_{ij\cdots k,pq}(\lambda) = A_{ij\cdots k}(\lambda)\left[\lambda_{,pq} - \lambda_{,p}\lambda_{,q}Z^{(1)}_{IJ\cdots K}(\lambda)\right] \tag{A.3-46}$$

$$\begin{aligned}
I_{ij\cdots k,pqr}(\lambda) = A_{ij\cdots k}(\lambda)\{&\lambda_{,pqr} - (\lambda_{,pq}\lambda_{,r} + \lambda_{,pr}\lambda_{,q} + \lambda_{,qr}\lambda_{,p})Z^{(1)}_{IJ\cdots K}(\lambda) \\
&+ \lambda_{,p}\lambda_{,q}\lambda_{,r}\{Z^{(2)}_{IJ\cdots K}(\lambda) + [Z^{(1)}_{IJ\cdots K}(\lambda)]^2\}\}
\end{aligned} \tag{A.3-47}$$

$$\begin{aligned}
I_{ij\cdots k,pqrt}(\lambda) = A_{ij\cdots k}(\lambda)\{&\lambda_{,pqrt} \\
&-(\lambda_{,pqr}\lambda_{,t} + \lambda_{,pqt}\lambda_{,r} + \lambda_{,prt}\lambda_{,q} + \lambda_{,qrt}\lambda_{,p} + \lambda_{,pq}\lambda_{,rt} + \lambda_{,pr}\lambda_{,qt} \\
&+ \lambda_{,qr}\lambda_{,pt})Z^{(1)}_{IJ\cdots K}(\lambda) \\
&+ (\lambda_{,pq}\lambda_{,r}\lambda_{,t} + \lambda_{,pr}\lambda_{,q}\lambda_{,t} + \lambda_{,qr}\lambda_{,p}\lambda_{,t} + \lambda_{,pt}\lambda_{,q}\lambda_{,r} + \lambda_{,qt}\lambda_{,p}\lambda_{,r} \\
&+ \lambda_{,rt}\lambda_{,p}\lambda_{,q})\{Z^{(2)}_{IJ\cdots K}(\lambda) + [Z^{(1)}_{IJ\cdots K}(\lambda)]^2\} \\
&- \lambda_{,p}\lambda_{,q}\lambda_{,r}\lambda_{,t}\{2Z^{(3)}_{IJ\cdots K}(\lambda) + 3Z^{(1)}_{IJ\cdots K}(\lambda)Z^{(2)}_{IJ\cdots K}(\lambda) + [Z^{(1)}_{IJ\cdots K}(\lambda)]^3\}\}
\end{aligned} \tag{A.3-48}$$

4.　$\phi_{ij\cdots}(\underline{x})$ 和 $\psi_{ij\cdots}(\underline{x})$ 的导数

当积分区域为一个椭球时，位势函数 $\phi_{ij\cdots}(\underline{x})$、$\psi_{ij\cdots}(\underline{x})$ 和它们的导数可由 I 积分及其导数表示。

首先定义下列关系：

$$\begin{aligned}
V(\underline{x}) &= \pi a_1 a_2 a_3 \int_\lambda^\infty \frac{U(s)}{\Delta(s)}\mathrm{d}s = \frac{1}{2}[I(\lambda) - x_r x_r I_R(\lambda)] \\
V_i(\underline{x}) &= \pi a_1 a_2 a_3 \int_\lambda^\infty \frac{U(s)}{(a_i^2+s)\Delta(s)}\mathrm{d}s = \frac{1}{2}[I_i(\lambda) - x_r x_r I_{Ri}(\lambda)] \\
V_{ij}(\underline{x}) &= \pi a_1 a_2 a_3 \int_\lambda^\infty \frac{U(s)}{(a_i^2+s)(a_j^2+s)\Delta(s)}\mathrm{d}s = \frac{1}{2}[I_{ij}(\lambda) - x_r x_r I_{Rij}(\lambda)]
\end{aligned} \tag{A.4-1}$$

$$\frac{\partial}{\partial x_q}[I_{ij\cdots k}(\lambda) - x_r x_r I_{Rij\cdots k}(\lambda)] = -2x_q I_{Qij\cdots k}(\lambda) \tag{A.4-2}$$

则

$$V_{ij\cdots k,p}(\underline{x}) = -x_p I_{Pij\cdots k}(\lambda) \tag{A.4-3}$$

$$[V_{ij\cdots k}(\underline{x}) - x_r x_r V_{Rij\cdots k}(\underline{x})]_{,p} = -4x_p I_{Pij\cdots k}(\underline{x}) \tag{A.4-4}$$

$$V_{ij\cdots k,pq}(\underline{x}) = -[\delta_{pq}I_{Pij\cdots k}(\lambda) + x_p I_{Pij\cdots k,q}(\lambda)] \tag{A.4-5}$$

$$V_{ij\cdots k,pqr}(\underset{\sim}{x}) = -[\delta_{pq}I_{Pij\cdots k,r}(\lambda) + \delta_{pr}I_{Pij\cdots k,q}(\lambda) + x_p I_{Pij\cdots k,qr}(\lambda)] \tag{A.4-6}$$

$$\begin{aligned} V_{ij\cdots k,pqrt}(\underset{\sim}{x}) = -[&\delta_{pq}I_{Pij\cdots k,rt}(\lambda) + \delta_{pr}I_{Pij\cdots k,qt}(\lambda) \\ &+ \delta_{pt}I_{Pij\cdots k,qr}(\lambda) + x_p I_{Pij\cdots k,qrt}(\lambda)] \end{aligned} \tag{A.4-7}$$

$$\begin{aligned} V_{ij\cdots k,pqrts}(\underset{\sim}{x}) = -[&\delta_{pq}I_{Pij\cdots k,rts}(\lambda) + \delta_{pr}I_{Pij\cdots k,qts}(\lambda) \\ &+ \delta_{pt}I_{Pij\cdots k,qrs}(\lambda) + \delta_{ps}I_{Pij\cdots k,qrt}(\lambda) + x_p I_{Pij\cdots k,qrts}(\lambda)] \end{aligned} \tag{A.4-8}$$

调和势函数及其导数就可以用上述 V 积分及其导数表示:

$$\phi = V \tag{A.4-9}$$

$$\phi_n = a_N^2 x_n V_N \tag{A.4-10}$$

$$\phi_{mn} = a_M^2 \left\{ x_m x_n a_N^2 V_{MN} + \frac{1}{4}\delta_{mn}[V - x_r x_r V_R - a_M^2(V_M - x_r x_r V_{RM})] \right\} \tag{A.4-11}$$

$$\phi_{n,i} = a_N^2(\delta_{in}V_N + x_n V_{N,i}) \tag{A.4-12a}$$

$$\phi_{n,ij} = a_N^2(\delta_{in}V_{N,j} + \delta_{jn}V_{N,i} + x_n V_{N,ij}) \tag{A.4-12b}$$

$$\phi_{n,ijk} = a_N^2(\delta_{in}V_{N,jk} + \delta_{jn}V_{N,ik} + \delta_{nk}V_{N,ij} + x_n V_{N,ijk}) \tag{A.4-12c}$$

$$\phi_{n,ijkl} = a_N^2(\delta_{in}V_{N,jkl} + \delta_{jn}V_{N,ikl} + \delta_{nk}V_{N,ijl} + \delta_{nl}V_{N,ijk} + x_n V_{N,ijkl}) \tag{A.4-12d}$$

$$\phi_{mn,i} = a_M^2[a_N^2(\delta_{mi}x_n + \delta_{ni}x_m)V_{MN} + a_N^2 x_m x_n V_{MN,i} - \delta_{mn}x_i(V_I - a_M^2 V_{IM})] \tag{A.4-13a}$$

$$\begin{aligned} \phi_{mn,ij} = a_M^2 \{ &a_N^2(\delta_{mi}\delta_{nj} + \delta_{ni}\delta_{mj})V_{MN} + a_N^2(\delta_{mi}x_n + \delta_{ni}x_m)V_{MN,j} \\ &+ a_N^2(\delta_{mj}x_n + \delta_{nj}x_m)V_{MN,i} + a_N^2 x_m x_n V_{MN,ij} \\ &- \delta_{mn}[\delta_{ij}(V_I - a_M^2 V_{IM}) + x_i(V_{I,J} - a_M^2 V_{IM,J})] \} \end{aligned} \tag{A.4-13b}$$

$$\begin{aligned} \phi_{mn,ijk} = a_M^2 a_N^2[&(\delta_{mi}\delta_{nj} + \delta_{ni}\delta_{mj})V_{MN,k} + (\delta_{mi}\delta_{nk} + \delta_{ni}\delta_{mk})V_{MN,j} \\ &+ (\delta_{mj}\delta_{nk} + \delta_{nj}\delta_{mk})V_{MN,i} + (\delta_{mi}x_n + \delta_{ni}x_m)V_{MN,jk} \\ &+ (\delta_{mj}x_n + \delta_{nj}x_m)V_{MN,ik} + (\delta_{mk}x_n + \delta_{nk}x_m)V_{MN,ij} + x_m x_n V_{MN,ijk}] \\ &- a_M^2 \delta_{mn}[\delta_{ij}(V_I - a_M^2 V_{IM})_{,k} + \delta_{ik}(V_I - a_M^2 V_{IM})_{,j} \\ &+ x_i(V_I - a_M^2 V_{IM})_{,jk}] \end{aligned} \tag{A.4-13c}$$

$$\begin{aligned} \phi_{mn,ijkl} = a_M^2 a_N^2[&(\delta_{mi}\delta_{nj} + \delta_{ni}\delta_{mj})V_{MN,kl} + (\delta_{mi}\delta_{nk} + \delta_{ni}\delta_{mk})V_{MN,jl} \\ &+ (\delta_{mj}\delta_{nk} + \delta_{nj}\delta_{mk})V_{MN,il} + (\delta_{mi}\delta_{nl} + \delta_{ni}\delta_{ml})V_{MN,ik} \\ &+ (\delta_{mj}\delta_{nl} + \delta_{nj}\delta_{ml})V_{MN,ik} + (\delta_{mk}\delta_{nl} + \delta_{nk}\delta_{ml})V_{MN,ij} \\ &+ (\delta_{mi}x_n + \delta_{ni}x_m)V_{MN,jkl} + (\delta_{mj}x_n + \delta_{nj}x_m)V_{MN,ikl} \\ &+ (\delta_{mk}x_n + \delta_{nk}x_m)V_{MN,ijl} + (\delta_{ml}x_n + \delta_{nl}x_m)V_{MN,ijk} + x_m x_n V_{MN,ijkl}] \\ &- a_M^2 \delta_{mn}[\delta_{ij}(V_I - a_M^2 V_{IM})_{,kl} + \delta_{ik}(V_I - a_M^2 V_{IM})_{,jl} \\ &+ \delta_{il}(V_I - a_M^2 V_{IM})_{,jk} + x_i(V_I - a_M^2 V_{IM})_{,jkl}] \end{aligned} \tag{A.4-13d}$$

双调和势函数及其导数就可以用上述 V 积分及其导数表示：

$$\psi_{,i} = x_i(V - a_I^2 V_I) \tag{A.4-14a}$$

$$\psi_{,ij} = \delta_{ij}(V - a_I^2 V_I) + x_i(V - a_I^2 V_I)_{,j} \tag{A.4-14b}$$

$$\psi_{,ijk} = \delta_{ij}(V - a_I^2 V_I)_{,k} + \delta_{ik}(V - a_I^2 V_I)_{,j} + x_i(V - a_I^2 V_I)_{,jk} \tag{A.4-14c}$$

$$\psi_{,ijkl} = \delta_{ij}(V - a_I^2 V_I)_{,kl} + \delta_{ik}(V - a_I^2 V_I)_{,jl} + \delta_{il}(V - a_I^2 V_I)_{,jk}$$
$$+ x_i(V - a_I^2 V_I)_{,jkl} \tag{A.4-14d}$$

$$\psi_{,ijkls} = \delta_{ij}(V - a_I^2 V_I)_{,kls} + \delta_{ik}(V - a_I^2 V_I)_{,jls} + \delta_{il}(V - a_I^2 V_I)_{,jks}$$
$$+ \delta_{is}(V - a_I^2 V_I)_{,jkl} + x_i(V - a_I^2 V_I)_{,jkls} \tag{A.4-14e}$$

$$\psi_{,ijklst} = \delta_{ij}(V - a_I^2 V_I)_{,klst} + \delta_{ik}(V - a_I^2 V_I)_{,jlst} + \delta_{il}(V - a_I^2 V_I)_{,jkst}$$
$$+ \delta_{is}(V - a_I^2 V_I)_{,jklt} + \delta_{it}(V - a_I^2 V_I)_{,jlls} + x_i(V - a_I^2 V_I)_{,jklst} \tag{A.4-14f}$$

$$\psi_{n,i} = -\frac{1}{4}\delta_{in}a_N^2[(V - x_r x_r V_R) - a_N^2(V_N - x_r x_r V_{RN})]$$
$$+ a_N^2 x_n x_i(V_I - a_N^2 V_{IN}) \tag{A.4-15a}$$

$$\psi_{n,ij} = a_N^2[\delta_{in}x_j(V_J - a_N^2 V_{JN}) + (\delta_{nj}x_i + \delta_{ij}x_n)(V_I - a_N^2 V_{IN})$$
$$+ x_n x_i(V_{I,j} - a_N^2 V_{IN,j})] \tag{A.4-15b}$$

$$\psi_{n,ijk} = a_N^2[\delta_{in}\delta_{jk}(V_J - a_N^2 V_{JN}) + \delta_{in}x_j(V_J - a_N^2 V_{JN})_{,k}$$
$$+ (\delta_{nj}\delta_{ik} + \delta_{ij}\delta_{nk})(V_I - a_N^2 V_{IN}) + (\delta_{nj}x_i + \delta_{ij}x_n)(V_I - a_N^2 V_{IN})_{,k}$$
$$+ (\delta_{nk}x_i + \delta_{ik}x_n)(V_I - a_N^2 V_{IN})_{,j} + x_n x_i(V_I - a_N^2 V_{IN})_{,jk}] \tag{A.4-15c}$$

$$\psi_{n,ijkl} = a_N^2[\delta_{in}\delta_{jk}(V_J - a_N^2 V_{JN})_{,l} + \delta_{in}\delta_{jl}(V_J - a_N^2 V_{JN})_{,k}$$
$$+ \delta_{in}x_j(V_J - a_N^2 V_{JN})_{,kl} + (\delta_{nj}\delta_{ik} + \delta_{ij}\delta_{nk})(V_I - a_N^2 V_{IN})_{,l}$$
$$+ (\delta_{nj}\delta_{il} + \delta_{ij}\delta_{nl})(V_I - a_N^2 V_{IN})_{,k} + (\delta_{nj}x_i + \delta_{ij}x_n)(V_I - a_N^2 V_{IN})_{,kl}$$
$$+ (\delta_{nk}\delta_{il} + \delta_{ik}\delta_{nl})(V_I - a_N^2 V_{IN})_{,j}$$
$$+ (\delta_{nk}x_i + \delta_{ik}x_n)(V_I - a_N^2 V_{IN})_{,jl}$$
$$+ (\delta_{nl}x_i + \delta_{il}x_n)(V_I - a_N^2 V_{IN})_{,jk} + x_n x_i(V_I - a_N^2 V_{IN})_{,jkl}] \tag{A.4-15d}$$

$$\psi_{n,ijkls} = a_N^2[\delta_{in}\delta_{jk}(V_J - a_N^2 V_{JN})_{,ls}$$
$$+ \delta_{in}\delta_{jl}(V_J - a_N^2 V_{JN})_{,ks} + \delta_{in}\delta_{js}(V_J - a_N^2 V_{JN})_{,kl} + \delta_{in}x_j(V_J - a_N^2 V_{JN})_{,kls}$$
$$+ (\delta_{nj}\delta_{ik} + \delta_{ij}\delta_{nk})(V_I - a_N^2 V_{IN})_{,ls} + (\delta_{nj}\delta_{il} + \delta_{ij}\delta_{nl})(V_I - a_N^2 V_{IN})_{,ks}$$
$$+ (\delta_{nj}\delta_{is} + \delta_{ij}\delta_{ns})(V_I - a_N^2 V_{IN})_{,kl} + (\delta_{nj}x_i + \delta_{ij}x_n)(V_I - a_N^2 V_{IN})_{,kls}$$
$$+ (\delta_{nk}\delta_{il} + \delta_{ik}\delta_{nl})(V_I - a_N^2 V_{IN})_{,js} + (\delta_{nk}\delta_{is} + \delta_{ik}\delta_{ns})(V_I - a_N^2 V_{IN})_{,jl}$$
$$+ (\delta_{nk}x_i + \delta_{ik}x_n)(V_I - a_N^2 V_{IN})_{,jls} + (\delta_{nl}\delta_{is} + \delta_{il}\delta_{ns})(V_I - a_N^2 V_{IN})_{,jk}$$
$$+ (\delta_{nl}x_i + \delta_{il}x_n)(V_I - a_N^2 V_{IN})_{,jks} + (\delta_{ns}x_i + \delta_{is}x_n)(V_I - a_N^2 V_{IN})_{,jkl}$$
$$+ x_n x_i(V_I - a_N^2 V_{IN})_{,jkls}] \tag{A.4-15e}$$

$$
\begin{aligned}
\psi_{n,ijklsq} = a_N^2 [& \delta_{in}\delta_{jk}(V_J - a_N^2 V_{JN})_{,lsq} + \delta_{in}\delta_{jl}(V_J - a_N^2 V_{JN})_{,ksq} \\
& + \delta_{in}\delta_{js}(V_J - a_N^2 V_{JN})_{,klq} + \delta_{in}\delta_{jq}(V_J - a_N^2 V_{JN})_{,kls} + \delta_{in}x_j(V_J - a_N^2 V_{JN})_{,klsq} \\
& + (\delta_{nj}\delta_{ik} + \delta_{ij}\delta_{nk})(V_I - a_N^2 V_{IN})_{,lsq} + (\delta_{nj}\delta_{il} + \delta_{ij}\delta_{nl})(V_I - a_N^2 V_{IN})_{,ksq} \\
& + (\delta_{nj}\delta_{is} + \delta_{ij}\delta_{ns})(V_I - a_N^2 V_{IN})_{,klq} + (\delta_{nj}\delta_{iq} + \delta_{ij}\delta_{nq})(V_I - a_N^2 V_{IN})_{,kls} \\
& + (\delta_{nj}x_i + \delta_{ij}x_n)(V_I - a_N^2 V_{IN})_{,klsq} + (\delta_{nk}\delta_{il} + \delta_{ik}\delta_{nl})(V_I - a_N^2 V_{IN})_{,jsq} \\
& + (\delta_{nk}\delta_{is} + \delta_{ik}\delta_{ns})(V_I - a_N^2 V_{IN})_{,jlq} + (\delta_{nk}\delta_{iq} + \delta_{ik}\delta_{nq})(V_I - a_N^2 V_{IN})_{,jls} \\
& + (\delta_{nk}x_i + \delta_{ik}x_n)(V_I - a_N^2 V_{IN})_{,jlsq} + (\delta_{nl}\delta_{is} + \delta_{il}\delta_{ns})(V_I - a_N^2 V_{IN})_{,jkq} \\
& + (\delta_{nl}\delta_{iq} + \delta_{il}\delta_{nq})(V_I - a_N^2 V_{IN})_{,jks} + (\delta_{nl}x_i + \delta_{il}x_n)(V_I - a_N^2 V_{IN})_{,jksq} \\
& + (\delta_{ns}\delta_{iq} + \delta_{is}\delta_{nq})(V_I - a_N^2 V_{IN})_{,jkl} + (\delta_{ns}x_i + \delta_{is}x_n)(V_I - a_N^2 V_{IN})_{,jklq} \\
& + (\delta_{nq}x_i + \delta_{iq}x_n)(V_I - a_N^2 V_{IN})_{,jkls} + x_n x_i (V_I - a_N^2 V_{IN})_{,jklsq}]
\end{aligned}
\tag{A.4-15f}
$$

$$
\begin{aligned}
\psi_{mn,i} = a_M^2 a_N^2 \Big\{ & -\frac{1}{4}(\delta_{mi}x_n + \delta_{ni}x_m)[V_M - x_r x_r V_{RM} - a_N^2(V_{MN} - x_r x_r V_{RMN})] \\
& + x_m x_n x_i (V_{MN} - a_I^2 V_{IMN}) \Big\} \\
& + \frac{1}{4}a_M^2 \delta_{mn}x_i [(V - x_r x_r V_R) - (a_I^2 + a_M^2)(V_M - x_r x_r V_{RM}) + a_I^4 (V_{MI} - x_r x_r V_{RMI})]
\end{aligned}
\tag{A.4-16a}
$$

$$
\begin{aligned}
\psi_{mn,ij} = a_M^2 a_N^2 \Big\{ & -\frac{1}{4}(\delta_{mi}\delta_{nj} + \delta_{ni}\delta_{mj})[V_M - x_r x_r V_{RM} - a_N^2(V_{MN} - x_r x_r V_{RMN})] \\
& + (\delta_{mi}x_n + \delta_{ni}x_m)x_i(V_{JM} - a_N^2 V_{JMN}) \\
& + (\delta_{mj}x_n x_i + \delta_{nj}x_m x_i + \delta_{ij}x_m x_n)(V_{MN} - a_I^2 V_{IMN}) \\
& + x_m x_n x_i (V_{MN} - a_I^2 V_{IMN})_{,j} \Big\} \\
& + \frac{1}{4}a_M^2 \delta_{mn}\delta_{ij}[(V - x_r x_r V_R) - (a_I^2 + a_M^2)(V_M - x_r x_r V_{RM}) + a_I^4(V_{MI} - x_r x_r V_{RMI})] \\
& - a_M^2 \delta_{mn}x_i x_j [V_J - (a_I^2 + a_M^2)V_{JM} + a_I^4 V_{JMI}]
\end{aligned}
\tag{A.4-16b}
$$

$$
\begin{aligned}
\psi_{mn,ijk} = a_M^2 a_N^2 \Big\{ & (\delta_{mi}\delta_{nj} + \delta_{ni}\delta_{mj})x_k(V_{KM} - a_N^2 V_{KMN}) \\
& + [(\delta_{mi}\delta_{nk} + \delta_{ni}\delta_{mk})x_j + (\delta_{mi}x_n + \delta_{ni}x_m)\delta_{jk}](V_{JM} - a_N^2 V_{JMN}) \\
& + (\delta_{mi}x_n + \delta_{ni}x_m)x_j(V_{JM} - a_N^2 V_{JMN})_{,k} \\
& + [\delta_{mj}(\delta_{nk}x_i + \delta_{ik}x_n) + \delta_{nj}(\delta_{mk}x_i + \delta_{ik}x_m) + \delta_{ij}(\delta_{mk}x_n + \delta_{nk}x_m)](V_{MN} - a_I^2 V_{IMN}) \\
& + (\delta_{mj}x_n x_i + \delta_{nj}x_m x_i + \delta_{ij}x_m x_n)(V_{MN} - a_I^2 V_{IMN})_{,k} \\
& + (\delta_{mk}x_n x_i + \delta_{nk}x_m x_i + \delta_{ik}x_m x_n)(V_{MN} - a_I^2 V_{IMN})_{,j} \\
& + x_m x_n x_i (V_{MN} - a_I^2 V_{IMN})_{,jk} \Big\} \\
& + a_M^2 \delta_{mn} \{ -\delta_{ij}x_k [V_K - (a_I^2 + a_M^2)V_{KM} + a_I^4 V_{KMI}] \\
& - (\delta_{ik}x_j + \delta_{jk}x_i)[V_J - (a_I^2 + a_M^2)V_{JM} + a_I^4 V_{JMI}] \\
& - x_i x_j [V_J - (a_I^2 + a_M^2)V_{JM} + a_I^4 V_{JMI}]_{,k} \}
\end{aligned}
\tag{A.4-16c}
$$

$$\begin{aligned}
\psi_{mn,ijkl} = a_M^2 a_N^2 \{ & (\delta_{mi}\delta_{nj} + \delta_{ni}\delta_{mj})\delta_{kl}(V_{KM} - a_N^2 V_{KMN}) \\
& + (\delta_{mi}\delta_{nj} + \delta_{ni}\delta_{mj})x_k(V_{KM} - a_N^2 V_{KMN})_{,l} \\
& + [(\delta_{mi}\delta_{nk} + \delta_{ni}\delta_{mk})\delta_{jl} + (\delta_{mi}\delta_{nl} + \delta_{ni}\delta_{ml})\delta_{jk}](V_{JM} - a_N^2 V_{JMN}) \\
& + [(\delta_{mi}\delta_{nk} + \delta_{ni}\delta_{mk})x_j + (\delta_{mi}x_n + \delta_{ni}x_m)\delta_{jk}](V_{JM} - a_N^2 V_{JMN})_{,l} \\
& + [(\delta_{mi}\delta_{nl} + \delta_{ni}\delta_{ml})x_j + (\delta_{mi}x_n + \delta_{ni}x_m)\delta_{jl}](V_{JM} - a_N^2 V_{JMN})_{,k} \\
& + (\delta_{mi}x_n + \delta_{ni}x_m)x_j(V_{JM} - a_N^2 V_{JMN})_{,kl} \\
& + [\delta_{mj}(\delta_{nk}\delta_{il} + \delta_{ik}\delta_{nl}) + \delta_{nj}(\delta_{mk}\delta_{il} + \delta_{ik}\delta_{ml}) + \delta_{ij}(\delta_{mk}\delta_{nl} + \delta_{nk}\delta_{ml})](V_{MN} - a_I^2 V_{IMN}) \\
& + [\delta_{mj}(\delta_{nk}x_i + \delta_{ik}x_n) + \delta_{nj}(\delta_{mk}x_i + \delta_{ik}x_m) + \delta_{ij}(\delta_{mk}x_n + \delta_{nk}x_m)](V_{MN} - a_I^2 V_{IMN})_{,l} \\
& + [\delta_{mj}(\delta_{nl}x_i + \delta_{il}x_n) + \delta_{nj}(\delta_{ml}x_i + \delta_{il}x_m) + \delta_{ij}(\delta_{ml}x_n + \delta_{nl}x_m)](V_{MN} - a_I^2 V_{IMN})_{,k} \\
& + (\delta_{mj}x_n x_i + \delta_{nj}x_m x_i + \delta_{ij}x_m x_n)(V_{MN} - a_I^2 V_{IMN})_{,kl} \\
& + [\delta_{mk}(\delta_{nl}x_i + \delta_{il}x_n) + \delta_{nk}(\delta_{ml}x_i + \delta_{il}x_m) + \delta_{ik}(\delta_{ml}x_n + \delta_{nl}x_m)](V_{MN} - a_I^2 V_{IMN})_{,j} \\
& + (\delta_{mk}x_n x_i + \delta_{nk}x_m x_i + \delta_{ik}x_m x_n)(V_{MN} - a_I^2 V_{IMN})_{,jl} \\
& + (\delta_{ml}x_n x_i + \delta_{nl}x_m x_i + \delta_{il}x_m x_n)(V_{MN} - a_I^2 V_{IMN})_{,jk} \\
& + x_m x_n x_i(V_{MN} - a_I^2 V_{IMN})_{,jkl} \} \\
+ a_M^2 \delta_{mn} \{ & -\delta_{ij}\delta_{kl}[V_K - (a_I^2 + a_M^2)V_{KM} + a_I^4 V_{KMI}] \\
& - \delta_{ij}x_k[V_K - (a_I^2 + a_M^2)V_{KM} + a_I^4 V_{KMI}]_{,l} \\
& - (\delta_{ik}\delta_{jl} + \delta_{jk}\delta_{il})[V_J - (a_I^2 + a_M^2)V_{JM} + a_I^4 V_{JMI}] \\
& - (\delta_{ik}x_j + \delta_{jk}x_i)[V_J - (a_I^2 + a_M^2)V_{JM} + a_I^4 V_{JMI}]_{,l} \\
& - (\delta_{il}x_j + \delta_{jl}x_i)[V_J - (a_I^2 + a_M^2)V_{JM} + a_I^4 V_{JMI}]_{,k} \\
& - x_i x_j[V_J - (a_I^2 + a_M^2)V_{JM} + a_I^4 V_{JMI}]_{,kl} \}
\end{aligned}$$

(A.4-16d)

$$\begin{aligned}
\psi_{mn,ijkls} = a_M^2 a_N^2 \{ & (\delta_{mi}\delta_{nj} + \delta_{ni}\delta_{mj})[\delta_{kl}(V_{KM} - a_N^2 V_{KMN})_{,s} + \delta_{ks}(V_{KM} - a_N^2 V_{KMN})_{,l} \\
& + x_k(V_{KM} - a_N^2 V_{KMN})_{,ls}] \\
& + [(\delta_{mi}\delta_{nk} + \delta_{ni}\delta_{mk})\delta_{jl} + (\delta_{mi}\delta_{nl} + \delta_{ni}\delta_{ml})\delta_{jk}](V_{JM} - a_N^2 V_{JMN})_{,s} \\
& + [(\delta_{mi}\delta_{nk} + \delta_{ni}\delta_{mk})\delta_{js} + (\delta_{mi}\delta_{ns} + \delta_{ni}\delta_{ms})\delta_{jk}](V_{JM} - a_N^2 V_{JMN})_{,l} \\
& + [(\delta_{mi}\delta_{nk} + \delta_{ni}\delta_{mk})x_j + (\delta_{mi}x_n + \delta_{ni}x_m)\delta_{jk}](V_{JM} - a_N^2 V_{JMN})_{,ls} \\
& + [(\delta_{mi}\delta_{nl} + \delta_{ni}\delta_{ml})\delta_{js} + (\delta_{mi}\delta_{ns} + \delta_{ni}\delta_{ms})\delta_{jl}](V_{JM} - a_N^2 V_{JMN})_{,k} \\
& + [(\ddot\delta_{mi}\delta_{nl} + \delta_{ni}\delta_{ml})x_j + (\delta_{mi}x_n + \delta_{ni}x_m)\delta_{jl}](V_{JM} - a_N^2 V_{JMN})_{,ks} \\
& + [(\delta_{mi}\delta_{ns} + \delta_{ni}\delta_{ms})x_j + (\delta_{mi}x_n + \delta_{ni}x_m)\delta_{js}](V_{JM} - a_N^2 V_{JMN})_{,kl} \\
& + (\delta_{mi}x_n + \delta_{ni}x_m)x_j(V_{JM} - a_N^2 V_{JMN})_{,kls} \\
& + (\delta_{ms}x_n x_i + \delta_{ns}x_m x_i + \delta_{is}x_m x_n)(V_{MN} - a_I^2 V_{IMN})_{,jkl} + x_m x_n x_i(V_{MN} - a_I^2 V_{IMN})_{,jkls} \\
& + [\delta_{ml}(\delta_{ns}x_i + \delta_{is}x_n) + \delta_{nl}(\delta_{ms}x_i + \delta_{is}x_m) + \delta_{il}(\delta_{ns}x_m + \delta_{ms}x_n)](V_{MN} - a_I^2 V_{IMN})_{,jk} \\
& + (\delta_{ml}x_n x_i + \delta_{nl}x_m x_i + \delta_{il}x_m x_n)(V_{MN} - a_I^2 V_{IMN})_{,jks}
\end{aligned}$$

$$+[\delta_{mk}(\delta_{nl}\delta_{is}+\delta_{il}\delta_{ns})+\delta_{nk}(\delta_{ml}\delta_{is}+\delta_{il}\delta_{ms})+\delta_{ik}(\delta_{ml}\delta_{ns}+\delta_{nl}\delta_{ms})](V_{MN}-a_I^2V_{IMN})_{,j}$$

$$+[\delta_{mk}(\delta_{nl}x_i+\delta_{il}x_n)+\delta_{nk}(\delta_{ml}x_i+\delta_{il}x_m)+\delta_{ik}(\delta_{ml}x_n+\delta_{nl}x_m)](V_{MN}-a_I^2V_{IMN})_{,js}$$

$$+[\delta_{mk}(\delta_{ns}x_i+\delta_{is}x_n)+\delta_{nk}(\delta_{ms}x_i+\delta_{is}x_m)+\delta_{ik}(\delta_{ms}x_n+\delta_{ns}x_m)](V_{MN}-a_I^2V_{IMN})_{,jl}$$

$$+(\delta_{mk}x_nx_i+\delta_{nk}x_mx_i+\delta_{ik}x_mx_n)(V_{MN}-a_I^2V_{IMN})_{,jls}$$

$$+[\delta_{mj}(\delta_{nk}\delta_{il}+\delta_{ik}\delta_{nl})+\delta_{nj}(\delta_{mk}\delta_{il}+\delta_{ik}\delta_{ml})+\delta_{ij}(\delta_{mk}\delta_{nl}+\delta_{nk}\delta_{ml})](V_{MN}-a_I^2V_{IMN})_{,s}$$

$$+[\delta_{mj}(\delta_{nk}\delta_{is}+\delta_{ik}\delta_{ns})+\delta_{nj}(\delta_{mk}\delta_{is}+\delta_{ik}\delta_{ms})+\delta_{ij}(\delta_{mk}\delta_{ns}+\delta_{nk}\delta_{ms})](V_{MN}-a_I^2V_{IMN})_{,l}$$

$$+[\delta_{mj}(\delta_{nl}\delta_{is}+\delta_{il}\delta_{ns})+\delta_{nj}(\delta_{ml}\delta_{is}+\delta_{il}\delta_{ms})+\delta_{ij}(\delta_{ml}\delta_{ns}+\delta_{nl}\delta_{ms})](V_{MN}-a_I^2V_{IMN})_{,k}$$

$$+[\delta_{mj}(\delta_{nk}x_i+\delta_{ik}x_n)+\delta_{nj}(\delta_{mk}x_i+\delta_{ik}x_m)+\delta_{ij}(\delta_{mk}x_n+\delta_{nk}x_m)](V_{MN}-a_I^2V_{IMN})_{,ls}$$

$$+[\delta_{mj}(\delta_{nl}x_i+\delta_{il}x_n)+\delta_{nj}(\delta_{ml}x_i+\delta_{il}x_m)+\delta_{ij}(\delta_{ml}x_n+\delta_{nl}x_m)](V_{MN}-a_I^2V_{IMN})_{,ks}$$

$$+[\delta_{mj}(\delta_{ns}x_i+\delta_{is}x_n)+\delta_{nj}(\delta_{ms}x_i+\delta_{is}x_m)+\delta_{ij}(\delta_{ms}x_n+\delta_{ns}x_m)](V_{MN}-a_I^2V_{IMN})_{,kl}$$

$$+(\delta_{mj}x_nx_i+\delta_{nj}x_mx_i+\delta_{ij}x_mx_n)(V_{MN}-a_I^2V_{IMN})_{,kls}\}$$

$$+a_M^2\delta_{mn}\{-\delta_{ij}\delta_{kl}[V_K-(a_I^2+a_M^2)V_{KM}+a_I^4V_{KMI}]_{,s}$$

$$-\delta_{ij}\delta_{ks}[V_K-(a_I^2+a_M^2)V_{KM}+a_I^4V_{KMI}]_{,l}$$

$$-\delta_{ij}x_k[V_K-(a_I^2+a_M^2)V_{KM}+a_I^4V_{KMI}]_{,ls}$$

$$-(\delta_{ik}\delta_{jl}+\delta_{jk}\delta_{il})[V_J-(a_I^2+a_M^2)V_{JM}+a_I^4V_{JMI}]_{,s}$$

$$-(\delta_{ik}\delta_{js}+\delta_{jk}\delta_{is})[V_J-(a_I^2+a_M^2)V_{JM}+a_I^4V_{JMI}]_{,l}$$

$$-(\delta_{ik}x_j+\delta_{jk}x_i)[V_J-(a_I^2+a_M^2)V_{JM}+a_I^4V_{JMI}]_{,ls}$$

$$-(\delta_{il}\delta_{js}+\delta_{jl}\delta_{is})[V_J-(a_I^2+a_M^2)V_{JM}+a_I^4V_{JMI}]_{,k}$$

$$-(\delta_{il}x_j+\delta_{jl}x_i)[V_J-(a_I^2+a_M^2)V_{JM}+a_I^4V_{JMI}]_{,ks}$$

$$-(\delta_{is}x_j+\delta_{js}x_i)[V_J-(a_I^2+a_M^2)V_{JM}+a_I^4V_{JMI}]_{,kl}$$

$$-x_ix_j[V_J-(a_I^2+a_M^2)V_{JM}+a_I^4V_{JMI}]_{,kls}\}\tag{A.4-16e}$$

$$\psi_{mn,ijklst}=a_M^2a_N^2\{(\delta_{mi}\delta_{nj}+\delta_{ni}\delta_{mj})[\delta_{kl}(V_{KM}-a_N^2V_{KMN})_{,st}+\delta_{ks}(V_{KM}-a_N^2V_{KMN})_{,lt}$$

$$+\delta_{kt}(V_{KM}-a_N^2V_{KMN})_{,ls}+x_k(V_{KM}-a_N^2V_{KMN})_{,lst}]$$

$$+[(\delta_{mi}\delta_{nk}+\delta_{ni}\delta_{mk})\delta_{jl}+(\delta_{mi}\delta_{nl}+\delta_{ni}\delta_{ml})\delta_{jk}](V_{JM}-a_N^2V_{JMN})_{,st}$$

$$+[(\delta_{mi}\delta_{nk}+\delta_{ni}\delta_{mk})\delta_{js}+(\delta_{mi}\delta_{ns}+\delta_{ni}\delta_{ms})\delta_{jk}](V_{JM}-a_N^2V_{JMN})_{,lt}$$

$$+[(\delta_{mi}\delta_{nk}+\delta_{ni}\delta_{mk})\delta_{jt}+(\delta_{mi}\delta_{nt}+\delta_{ni}\delta_{mt})\delta_{jk}](V_{JM}-a_N^2V_{JMN})_{,ls}$$

$$+[(\delta_{mi}\delta_{nk}+\delta_{ni}\delta_{mk})x_j+(\delta_{mi}x_n+\delta_{ni}x_m)\delta_{jk}](V_{JM}-a_N^2V_{JMN})_{,lst}$$

$$+[(\delta_{mi}\delta_{nl}+\delta_{ni}\delta_{ml})\delta_{js}+(\delta_{mi}\delta_{ns}+\delta_{ni}\delta_{ms})\delta_{jl}](V_{JM}-a_N^2V_{JMN})_{,kt}$$

$$+[(\delta_{mi}\delta_{nl}+\delta_{ni}\delta_{ml})\delta_{jt}+(\delta_{mi}\delta_{nt}+\delta_{ni}\delta_{mt})\delta_{jl}](V_{JM}-a_N^2V_{JMN})_{,ks}$$

$$+[(\delta_{mi}\delta_{ns}+\delta_{ni}\delta_{ms})\delta_{jt}+(\delta_{mi}\delta_{nt}+\delta_{ni}\delta_{mt})\delta_{js}](V_{JM}-a_N^2V_{JMN})_{,kl}$$

$$+[(\delta_{mi}\delta_{nl}+\delta_{ni}\delta_{ml})x_j+(\delta_{mi}x_n+\delta_{ni}x_m)\delta_{jl}](V_{JM}-a_N^2V_{JMN})_{,kst}$$

$$+[(\delta_{mi}\delta_{ns}+\delta_{ni}\delta_{ms})x_j+(\delta_{mi}x_n+\delta_{ni}x_m)\delta_{js}](V_{JM}-a_N^2V_{JMN})_{,klt}$$

$$+[(\delta_{mi}\delta_{nt}+\delta_{ni}\delta_{mt})x_j+(\delta_{mi}x_n+\delta_{ni}x_m)\delta_{jt}](V_{JM}-a_N^2V_{JMN})_{,kls}$$

$$+(\delta_{mi}x_n+\delta_{ni}x_m)x_j(V_{JM}-a_N^2V_{JMN})_{,klst}$$

$$+[\delta_{ms}(\delta_{nt}x_i+\delta_{it}x_n)+\delta_{ns}(\delta_{mt}x_i+\delta_{it}x_m)+\delta_{is}(\delta_{nt}x_m+\delta_{mt}x_n)](V_{MN}-a_I^2V_{IMN})_{,jkl}$$

$$+(\delta_{ms}x_nx_i+\delta_{ns}x_mx_i+\delta_{ls}x_mx_n)(V_{MN}-a_I^2V_{IMN})_{,jklt}$$

$$+x_mx_nx_i(V_{MN}-a_I^2V_{IMN})_{,jklst}$$

$$+(\delta_{mt}x_nx_i+\delta_{nt}x_mx_i+\delta_{it}x_mx_n)(V_{MN}-a_I^2V_{IMN})_{,jkls}$$

$$+[\delta_{ml}(\delta_{ns}\delta_{it}+\delta_{is}\delta_{nt})+\delta_{nl}(\delta_{ms}\delta_{it}+\delta_{is}\delta_{mt})+\delta_{il}(\delta_{ns}\delta_{mt}+\delta_{ms}\delta_{nt})](V_{MN}-a_I^2V_{IMN})_{,jk}$$

$$+[\delta_{ml}(\delta_{ns}x_i+\delta_{is}x_n)+\delta_{nl}(\delta_{ms}x_i+\delta_{is}x_m)+\delta_{il}(\delta_{ns}x_m+\delta_{ms}x_n)](V_{MN}-a_I^2V_{IMN})_{,jkt}$$

$$+[\delta_{ml}(\delta_{nt}x_i+\delta_{it}x_n)+\delta_{nl}(\delta_{mt}x_i+\delta_{it}x_m)+\delta_{il}(\delta_{nt}x_m+\delta_{mt}x_n)](V_{MN}-a_I^2V_{IMN})_{,jks}$$

$$+(\delta_{ml}x_nx_i+\delta_{nl}x_mx_i+\delta_{il}x_mx_n)(V_{MN}-a_I^2V_{IMN})_{,jkst}$$

$$+[\delta_{mk}(\delta_{nl}\delta_{is}+\delta_{il}\delta_{ns})+\delta_{nk}(\delta_{ml}\delta_{is}+\delta_{il}\delta_{ms})+\delta_{ik}(\delta_{ml}\delta_{ns}+\delta_{nl}\delta_{ms})](V_{MN}-a_I^2V_{IMN})_{,jt}$$

$$+[\delta_{mk}(\delta_{nl}\delta_{it}+\delta_{il}\delta_{nt})+\delta_{nk}(\delta_{ml}\delta_{it}+\delta_{il}\delta_{mt})+\delta_{ik}(\delta_{ml}\delta_{nt}+\delta_{nl}\delta_{mt})](V_{MN}-a_I^2V_{IMN})_{,js}$$

$$+[\delta_{mk}(\delta_{nl}x_i+\delta_{il}x_n)+\delta_{nk}(\delta_{ml}x_i+\delta_{il}x_m)+\delta_{ik}(\delta_{ml}x_n+\delta_{nl}x_m)](V_{MN}-a_I^2V_{IMN})_{,jst}$$

$$+[\delta_{mk}(\delta_{ns}\delta_{it}+\delta_{is}\delta_{nt})+\delta_{nk}(\delta_{ms}\delta_{it}+\delta_{is}\delta_{mt})+\delta_{ik}(\delta_{ms}\delta_{nt}+\delta_{ns}\delta_{mt})](V_{MN}-a_I^2V_{IMN})_{,jl}$$

$$+[\delta_{mk}(\delta_{ns}x_i+\delta_{is}x_n)+\delta_{nk}(\delta_{ms}x_i+\delta_{is}x_m)+\delta_{ik}(\delta_{ms}x_n+\delta_{ns}x_m)](V_{MN}-a_I^2V_{IMN})_{,jlt}$$

$$+[\delta_{mk}(\delta_{nt}x_i+\delta_{it}x_n)+\delta_{nk}(\delta_{mt}x_i+\delta_{it}x_m)+\delta_{ik}(\delta_{mt}x_n+\delta_{nt}x_m)](V_{MN}-a_I^2V_{IMN})_{,jls}$$

$$+(\delta_{mk}x_nx_i+\delta_{nk}x_mx_i+\delta_{ik}x_mx_n)(V_{MN}-a_I^2V_{IMN})_{,jlst}$$

$$+[\delta_{mj}(\delta_{nk}\delta_{il}+\delta_{ik}\delta_{nl})+\delta_{nj}(\delta_{mk}\delta_{il}+\delta_{ik}\delta_{ml})+\delta_{ij}(\delta_{mk}\delta_{nl}+\delta_{nk}\delta_{ml})](V_{MN}-a_I^2V_{IMN})_{,st}$$

$$+[\delta_{mj}(\delta_{nk}\delta_{is}+\delta_{ik}\delta_{ns})+\delta_{nj}(\delta_{mk}\delta_{is}+\delta_{ik}\delta_{ms})+\delta_{ij}(\delta_{mk}\delta_{ns}+\delta_{nk}\delta_{ms})](V_{MN}-a_I^2V_{IMN})_{,lt}$$

$$+[\delta_{mj}(\delta_{nl}\delta_{is}+\delta_{il}\delta_{ns})+\delta_{nj}(\delta_{ml}\delta_{is}+\delta_{il}\delta_{ms})+\delta_{ij}(\delta_{ml}\delta_{ns}+\delta_{nl}\delta_{ms})](V_{MN}-a_I^2V_{IMN})_{,kt}$$

$$+[\delta_{mj}(\delta_{nk}\delta_{it}+\delta_{ik}\delta_{nt})+\delta_{nj}(\delta_{mk}\delta_{it}+\delta_{ik}\delta_{mt})+\delta_{ij}(\delta_{mk}\delta_{nt}+\delta_{nk}\delta_{mt})](V_{MN}-a_I^2V_{IMN})_{,ls}$$

$$+[\delta_{mj}(\delta_{nk}x_i+\delta_{ik}x_n)+\delta_{nj}(\delta_{mk}x_i+\delta_{ik}x_m)+\delta_{ij}(\delta_{mk}x_n+\delta_{nk}x_m)](V_{MN}-a_I^2V_{IMN})_{,lst}$$

$$+[\delta_{mj}(\delta_{nl}x_i+\delta_{il}x_n)+\delta_{nj}(\delta_{ml}x_i+\delta_{il}x_m)+\delta_{ij}(\delta_{ml}x_n+\delta_{nl}x_m)](V_{MN}-a_I^2V_{IMN})_{,kst}$$

$$+[\delta_{mj}(\delta_{nl}\delta_{it}+\delta_{il}\delta_{ni})+\delta_{nj}(\delta_{ml}\delta_{it}+\delta_{il}\delta_{mt})+\delta_{ij}(\delta_{ml}\delta_{nt}+\delta_{nl}\delta_{mt})](V_{MN}-a_I^2V_{IMN})_{,ks}$$

$$+[\delta_{mj}(\delta_{ns}\delta_{it}+\delta_{is}\delta_{nt})+\delta_{nj}(\delta_{ms}\delta_{it}+\delta_{is}\delta_{mt})+\delta_{ij}(\delta_{ms}\delta_{nt}+\delta_{ns}\delta_{mt})](V_{MN}-a_I^2V_{IMN})_{,kl}$$

$$+[\delta_{mj}(\delta_{ns}x_i+\delta_{is}x_n)+\delta_{nj}(\delta_{ms}x_i+\delta_{is}x_m)+\delta_{ij}(\delta_{ms}x_n+\delta_{ns}x_m)](V_{MN}-a_I^2V_{IMN})_{,klt}$$

$$+[\delta_{mj}(\delta_{nt}x_i+\delta_{it}x_n)+\delta_{nj}(\delta_{mt}x_i+\delta_{it}x_m)+\delta_{ij}(\delta_{mt}x_n+\delta_{nt}x_m)](V_{MN}-a_I^2V_{IMN})_{,kls}$$

$$+(\delta_{mj}x_nx_i+\delta_{nj}x_mx_i+\delta_{ij}x_mx_n)(V_{MN}-a_I^2V_{IMN})_{,klst}\}$$

$$+a_M^2\delta_{mn}\{-\delta_{ij}\delta_{kl}[V_K-(a_I^2+a_M^2)V_{KM}+a_I^4V_{KMI}]_{,st}$$

$$-\delta_{ij}\delta_{ks}[V_K - (a_I^2 + a_M^2)V_{KM} + a_I^4 V_{KMI}]_{,lt}$$

$$-\delta_{ij}\delta_{kt}[V_K - (a_I^2 + a_M^2)V_{KM} + a_I^4 V_{KMI}]_{,ls}$$

$$-\delta_{ij}x_k[V_K - (a_I^2 + a_M^2)V_{KM} + a_I^4 V_{KMI}]_{,lst}$$

$$-(\delta_{ik}\delta_{jl} + \delta_{jk}\delta_{il})[V_J - (a_I^2 + a_M^2)V_{JM} + a_I^4 V_{JMI}]_{,st}$$

$$-(\delta_{ik}\delta_{js} + \delta_{jk}\delta_{is})[V_J - (a_I^2 + a_M^2)V_{JM} + a_I^4 V_{JMI}]_{,lt}$$

$$-(\delta_{ik}\delta_{jt} + \delta_{jk}\delta_{it})[V_J - (a_I^2 + a_M^2)V_{JM} + a_I^4 V_{JMI}]_{,ls}$$

$$-(\delta_{ik}x_j + \delta_{jk}x_i)[V_J - (a_I^2 + a_M^2)V_{JM} + a_I^4 V_{JMI}]_{,lst}$$

$$-(\delta_{il}\delta_{js} + \delta_{jl}\delta_{is})[V_J - (a_I^2 + a_M^2)V_{JM} + a_I^4 V_{JMI}]_{,kt}$$

$$-(\delta_{il}\delta_{jt} + \delta_{jl}\delta_{it})[V_J - (a_I^2 + a_M^2)V_{JM} + a_I^4 V_{JMI}]_{,ks}$$

$$-(\delta_{il}x_j + \delta_{jl}x_i)[V_J - (a_I^2 + a_M^2)V_{JM} + a_I^4 V_{JMI}]_{,kst}$$

$$-(\delta_{is}\delta_{jt} + \delta_{js}\delta_{it})[V_J - (a_I^2 + a_M^2)V_{JM} + a_I^4 V_{JMI}]_{,kl}$$

$$-(\delta_{is}x_j + \delta_{js}x_i)[V_J - (a_I^2 + a_M^2)V_{JM} + a_I^4 V_{JMI}]_{,klt}$$

$$-(\delta_{it}x_j + \delta_{jt}x_i)[V_J - (a_I^2 + a_M^2)V_{JM} + a_I^4 V_{JMI}]_{,kls}$$

$$-x_i x_j[V_J - (a_I^2 + a_M^2)V_{JM} + a_I^4 V_{JMI}]_{,klst}\}$$

$$(A.4\text{-}16f)$$

附录 B 球形增强颗粒 RSA 方法的 APDL 程序实现

```
/PREP7
! Number 为随机函数库调用的每组随机数的个数
*SET,Number,10000
! num 为增强颗粒的数目，可以根据需要改变
*SET,num,10
! L 为单元胞体的边长
*SET,L,100
! rrr 为颗粒的平均半径
*SET,rrr,10
*SET,k,1
! v 颗粒体积分数累加器
*SET,v,0
s=0.05
*Dim,R,,128
*do,i,1,100,1
! 产生符合正态分布的随机数作为颗粒半径，s 为置信区间
*SET,rr,gdis(rrr,s*rrr)
*if,2*rr,lt,L,then
*SET,R(k),rr
*SET,k,k+1
*endif
*if,k,gt,num,then
*exit
*endif
*enddo
*Dim,X,,128
*Dim,Y,,128
*Dim,Z,,128
*Dim,xn,,100,100
*Dim,yn,,100,100
*Dim,zn,,100,100
! 产生第一个颗粒
*do,i,1,100,1
*do,j,1,100,1
*SET,xn(i,j),rand(0,L)
*SET,yn(i,j),rand(0,L)
*SET,zn(i,j),rand(0,L)
*enddo
*enddo
*do,i,1,100,1
```

```
*do,n,1,100,1
*if,R(1),lt,xn(i,n),then
*if,xn(i,n),lt,(L-R(1)),then
*if,R(1),lt,yn(i,n),then
*if,yn(i,n),lt,(L-R(1)),then
*if,R(1),lt,zn(i,n),then
*if,zn(i,n),lt,(L-R(1)),then
*SET,X(1),xn(i,n)
*SET,Y(1),yn(i,n)
*SET,Z(1),zn(i,n)
sph4,,,R(1)
! 累加颗粒体积
V=V+4*3.1415927*R(1)*R(1)*R(1)/3
vgen,,1,,,X(1),Y(1),Z(1),,,1
*SET,s,1
*exit
*endif
*endif
*endif
*endif
*endif
*endif
*enddo
*if,s,eq,1,then
*exit
*endif
*enddo
*SET,j,2
! 产生其他的颗粒
*do,i,1,100,1
*do,n,1,100,1
*SET,k,1
*if,R(j),lt,xn(i,n),then
*if,xn(i,n),lt,(L-R(j)),then
*if,R(j),lt,yn(i,n),then
! 判断第一个颗粒是否超出边界
*if,yn(i,n),lt,(L-R(j)),then
*if,R(j),lt,zn(i,n),then
*if,zn(i,n),lt,(L-R(j)),then
*do,m,1,j-1,1
*SET,w,sqrt((xn(i,n)-X(m))**2+(yn(i,n)-Y(m))**2+(zn(i,n)-Z(m))**2)
! 判断颗粒是否重合，是否超出边界
*if,w,gt,2*R(m),then
*SET,k,k+1
*endif
*if,k,eq,j,then
```

```
*SET,X(j),xn(i,n)
*SET,Y(j),yn(i,n)
*SET,Z(j),zn(i,n)
sph4,,,R(j)
V=V+4*3.1415927*R(j)*R(j)*R(j)/3
vgen,,j,,,X(j),Y(j),Z(j),,,1
*SET,j,j+1
*if,j,gt,num,then
*SET,t,1
*exit
*endif
*endif
*enddo
*endif
*endif
*endif
*endif
*endif
*endif
*if,t,eq,1,then
*exit
*endif
*enddo
*if,t,eq,1,then
*exit
*endif
*enddo
block,,l,,l,,l,
vovlap,all
```

　　上述程序是在 ANSYS 软件中编写的 APDL 参数化设计语言，并实现通过。其中，Number 为随机函数库调用的每组随机数的个数，可以进行改变(扩大或缩小)，L 为单元胞体的长度，num 为增强颗粒的数目，rrr 为增强颗粒的平均半径。

附录 C 多颗粒随机分布胞体模型中颗粒的位置及半径

颗粒体积分数/%	颗粒数量/个	颗粒中心坐标			颗粒半径/μm
		X/μm	Y/μm	Z/μm	
0.80	1	38.80	69.24	53.76	10.51
	2	46.91	32.03	79.27	9.95
4.17	1	7.93	5.82	6.95	1.05
	2	1.51	7.72	5.55	0.99
	3	4.78	8.04	8.36	0.99
	4	3.18	6.14	7.75	1.03
	5	3.50	2.23	5.92	1.00
	6	8.81	5.97	2.15	1.02
	7	6.94	5.06	4.15	1.05
	8	7.16	8.18	0.99	0.86
	9	8.83	8.49	6.64	1.00
	10	2.79	1.62	4.13	0.98
10.19	1	21.45	35.41	11.25	9.34
	2	77.06	85.99	57.20	10.55
	3	20.25	63.45	40.90	9.61
	4	47.97	71.35	13.76	9.54
	5	33.09	18.21	65.06	9.67
	6	46.15	61.56	58.73	10.20
	7	66.44	86.73	11.91	9.32
	8	65.08	63.72	40.71	11.42
	9	69.51	73.95	84.17	10.32
	10	26.74	45.82	87.23	10.46
	11	29.27	67.37	73.47	10.07
	12	70.11	10.95	54.53	9.41
	13	27.80	20.01	38.97	10.00
	14	86.78	45.76	71.51	9.53
	15	22.21	40.38	59.45	10.40
	16	84.28	25.94	13.85	9.95
	17	89.69	55.31	46.76	9.90
	18	83.10	29.52	42.81	10.22
	19	55.43	27.76	25.99	10.07
	20	48.66	66.28	87.36	10.19
	21	56.21	36.46	59.86	10.57
	22	54.30	43.92	90.72	9.28
	23	49.26	78.66	33.33	10.12
	24	59.39	16.43	89.43	10.06

续表

颗粒体积分数/%	颗粒数量/个	颗粒中心坐标			颗粒半径/μm
		X/μm	Y/μm	Z/μm	
1.30	1	138.47	107.51	123.58	21.02
	2	64.06	158.55	116.43	19.89
	3	126.33	30.18	154.41	19.72
2.18	1	93.82	64.06	158.55	21.02
	2	69.46	22.49	105.95	19.89
	3	154.41	110.93	95.51	19.72
	4	160.85	167.29	23.65	20.50
	5	90.63	168.59	63.61	20.09
3.10	1	158.55	116.43	139.03	21.02
	2	30.18	154.41	110.93	19.89
	3	95.51	160.85	167.29	19.72
	4	63.61	122.83	155.04	20.50
	5	69.91	44.67	118.37	20.09
	6	176.22	119.50	43.01	20.30
	7	138.73	101.24	82.98	21.03
5.08	1	126.33	30.18	154.41	21.02
	2	110.92	95.51	160.85	19.89
	3	168.59	63.61	122.83	19.72
	4	100.37	27.81	53.23	20.50
	5	147.30	176.22	119.50	20.09
	6	43.01	138.73	101.24	20.30
	7	82.98	122.95	107.17	21.03
	8	113.10	143.23	163.51	17.27
	9	56.33	92.83	59.08	19.92
	10	82.62	170.88	85.87	19.53
	11	30.10	139.05	176.10	20.82
	12	136.12	154.06	87.48	20.21
8.05	1	30.18	154.41	110.93	21.02
	2	95.51	160.85	167.29	19.89
	3	63.61	122.83	155.04	19.72
	4	69.91	44.67	118.37	20.50
	5	176.22	119.50	43.01	20.09
	6	138.73	101.24	82.98	20.30
	7	176.69	169.86	132.85	21.03
	8	170.88	85.87	139.37	17.27

颗粒体积分数/%	颗粒数量/个	颗粒中心坐标			颗粒半径/µm
		X/µm	Y/µm	Z/µm	
	9	174.29	152.47	83.58	19.92
	10	154.06	87.48	177.66	19.53
	11	111.72	68.64	178.99	20.82
	12	111.64	63.93	120.89	20.21
	13	76.44	56.41	31.53	20.51
8.05	14	164.39	52.33	48.25	18.51
	15	64.97	165.56	78.78	19.61
	16	113.57	160.00	100.35	18.78
	17	173.92	34.28	108.55	20.07
	18	42.00	122.04	62.27	22.31
	19	136.09	45.88	81.15	20.34